REIHE: GESUNDHEIT UND ERNÄHRUNG

Anton Kimpfler

DIE SINNE –
IHRE AKTIVE PFLEGE UND ENTWICKLUNG

DIE SINNE – IHRE AKTIVE PFLEGE UND ENTWICK-LUNG: Voraussetzung für ein wirklich natürliches Leben und die Realisierung der sich immer deutlicher zeigenden Sehnsucht nach mehr »Sinnlichkeit«. Die zunehmende Abstumpfung unserer Wahrnehmungsorgane durch unnatürliche Reizüberflutung ist eine Zeiterscheinung, der wir uns nur schwer entziehen können. Die vielen grellen Eindrücke, die unkontrolliert und unbemerkt aus der Umgebung auf uns einströmen, bewirken, daß wir weniger auffallende Dinge gar nicht mehr wahrnehmen. Da wir obendrein viele Sinnesfunktionen mehr und mehr technischen Geräten überlassen haben, stellt sich die dringende Frage, ob wir unsere Sinne überhaupt noch im ursprünglichen »Sinn« gebrauchen – ob wir uns nicht erst wieder auf ihre eigentlichen Funktionen besinnen müssen.

Um die wirkliche Bedeutung der Sinne ermessen zu können, müssen wir uns vor allem eines immer wieder deutlich vor Augen halten: Unsere Sinne sind unser wichtigster Zugang zur Welt. Menschliches Denken und Handeln, persönliche wie wissenschaftliche Erkenntnisse haben ihren Ausgangspunkt in sinnlichen Wahrnehmungen und Erfahrungen. Ihr Umfang und ihre Qualität bestimmen nicht nur unsere individuelle Entwicklung, sondern Entwicklung überhaupt, auf allen Lebensgebieten. Im eigenen wie im allgemeinen Interesse muß es uns deshalb ein besonderes Anliegen sein, unsere Sinne genauso zu pflegen wie unseren Körper und Störungen möglichst zu verhindern.

DIE SINNE – IHRE AKTIVE PFLEGE UND ENT-WICKLUNG behandelt Fragen der Sinneskunde und Sinnespflege umfassend und praxisnah, über medizinische und physiologische Prozesse hinaus. Neben der Darstellung bisher weitgehend unbekannter Erkenntnisse der modernen Sinneslehre enthält das Buch wertvolle Hinweise zur Ausweitung und Vertiefung unserer Sinneserlebnisse. Durch lebendige Pflege und Entwicklung der Sinne können wir die gesamte Fülle der Wechselbeziehungen von Natur, Leib, Seele und Geist erfahren. Sinnesverlust ist Weltverlust. Sinnespflege bedeutet Weltannäherung und Weltverwandlung.

Anton Kimpfler

DIE SINNE

IHRE AKTIVE PFLEGE
UND ENTWICKLUNG

AUGEN – ZU SEHEN, OHREN – ZU HÖREN

Ein Ratgeber
und therapeutischer Helfer

Mit einem Vorwort
von
Dr. med. Walther Bühler

AURUM VERLAG · FREIBURG IM BREISGAU

CIP-Kurztitelaufnahme der Deutschen Bibliothek

Kimpfler, Anton:
Die Sinne, ihre aktive Pflege und Entwicklung :
Augen – zu sehen, Ohren – zu hören ; e. Ratgeber
u. therapeut. Helfer / Anton Kimpfler. Mit e.
Vorw. von Walther Bühler. – Freiburg im Breisgau :
Aurum-Verlag, 1984.
(Reihe: Gesundheit und Ernährung)
ISBN 3-591-08195-7

1984
ISBN 3 591 08195 7
Satz und Druck: studiodruck, Nürtingen-Raidwangen.
Bindung: Walter Verlag GmbH, Buchbinderei, Heitersheim.
Printed in Germany.

Inhalt

Vorwort

Ein gewaltiger Umbruch der Bewußtseinsentwicklung des Abendlandes kennzeichnet den Beginn der Neuzeit. Ein stärkeres Erwachen für die physische Welt ging durch die Menschheit, die wie von einem zweiten »Ihre Augen wurden aufgetan« ergriffen wurde. Nie zuvor war die gesamte natürliche Welt mit solchem Interesse, mit soviel Hingabe, Entdeckerfreude und Forscherdrang wahrgenommen und auch exakt und umfassend registriert worden. Die Menschenseele hatte die Leiblichkeit erstmals bis ins Physische voll und ganz durchdrungen und machte in neuartiger Weise Gebrauch von ihren *Sinnesorganen,* die im Leib in Jahrmillionen langer Entwicklung als Instrument der Begegnung mit der Umwelt herangereift waren. Die *sinnliche Welt* trat in einzigartiger Weise in den Vordergrund des Bewußtseins. Dies war nur möglich, weil alles übersinnliche Schauen, das Hellsehen des Ätherwebens in den Elementen oder der Aura von Tier und Mensch erloschen und alles Hellhören endgültig verglommen waren. Erstmals konnten, was in Griechenland und Rom schon vorbereitet worden war, die »nackten Tatsachen« in reiner, physischer Wahrnehmung erfaßt werden. Die Welt zeigte nur noch – klar und deutlich – ihre materielle Außenseite.

Aber auch innerlich war die Unmittelbarkeit geistigen Erlebens entschwunden, so daß sich ein bildloses, logisches, abstraktes Denken entwickeln konnte, befreit von traditionellen und mythologischen, überholten Bildvorstellungen. Die Verarbeitung der gegebenen Erfahrungen durch dieses streng sinnengebundene Denken führte zur Erkenntnis der Naturgesetze im anorganischen Bereich mit vorher ungeahnter Anwendung in fortlaufenden technischen Fortschritten. Die damit gegebene Beherrschung der Naturkräfte ver-

7

änderte in einschneidender Weise die Umwelt der Menschen, die sich wie im Gegensatz der Hinwendung zur Natur von dieser immer mehr zu entfernen drohten. Millionen und Abermillionen sehen sich im Umgang mit Maschinen und in Fabrikhallen oder Kontoren einer künstlich geschaffenen Welt und nicht mehr menschengemäßen Umgebung gegenüber, die in der Verstädterung, in Betonwüsten und Straßenschluchten endet. Das Zeitalter der Naturwissenschaft wurde zum Zeitalter der Naturentfremdung und unnatürlichen Reizüberflutung mit chaotischen und minderwertigen Wahrnehmungen.

So ist der moderne Mensch über seine Sinne zunehmend abbauenden und krankmachenden Einflüssen ausgesetzt. Der nervöse, vegetativ labile, seelisch ausgehöhlte Zeitgenosse ist die Folge. Signaturen der Entrhythmisierung, wie Gefäßverkrampfungen in der Zirkulation (Hypertonie) oder das Herausfallen aus dem tragenden Wechselspiel von Tag und Nacht in der Schlaflosigkeit unterstreichen als Zeitkrankheiten die bedrohliche Situation.

Daher ist eine bewußtere Erkenntnis vom Wesen und von der Bedeutung der Sinne als Toren zur Welt und zum eigenen Leib sowie eine Lehre vom rechten Umgang mit unseren Wahrnehmungen eine Zeitforderung. Sie birgt zugleich die Frage nach einer neu zu erringenden »seelischen Hygiene« und nach einer menschengemäß zu gestaltenden Umwelt in sich.

Die medizinische Sinneslehre der Gegenwart hat zahlreiche, unentbehrliche Erkenntnisse im anatomischen und physiologischen Bereich, besonders auch auf experimentellem Wege, zutage gefördert. Und trotzdem droht dieselbe das Wesen des Lebens in den Sinnen immer mehr zu verdunkeln. Denn letztere werden als mehr oder weniger tote Apparate aufgefaßt, die auf entsprechende physikalische oder chemische Reize reagieren und die so hervorgerufenen Prozesse in den Nervenbahnen weiterleiten, so daß schließlich im Gehirn die angeblich *rein subjektive Welt* unserer Empfindungen von Tönen, Farben und Wärme usw. daraus entsteht. Im Sinne der heutigen Physik leben wir in Wirklichkeit in einer grauen, tonlosen, von Schwingungen und molekularen Erschütterungen erfüllten Welt von Atomen.

Dem katastrophalen Verkennen der Sinnesfunktionen stehen die Ausführungen dieses Buches gegenüber, dessen Schwergewicht auf der psychologischen Ebene liegt. Diese ist aber zweifellos die wesentliche, da alle Sinne ihre Funktion nur als *beseelte* Leibesinstrumente erfüllen können. Ihre physikalische oder chemische Ansprechbarkeit ist nur weisheitsvoller Ausdruck des Durchdrungenseins mit echter Empfindungskraft und -fähigkeit der Seele. Wo organisch-pflanzliches Leben übergeht in Er-leben, ist Seelenhaftes am Werk, ein Prozeß, der im Tierreich auf niederer Ebene primitiv beginnt und im aufmerksam und gezielt beobachtenden Menschen einen Höhepunkt erreicht.

Der Verfasser stützt sich bei seinen Untersuchungen auf die anthroposophisch orientierte Geisteswissenschaft Rudolf Steiners. Diese gründet sich auf einer ganzheitlichen Erkenntnis des Menschen nach Leib, Seele und Geist sowie deren Verwobensein in jedem einzelnen Organ und Organsystem. Die anthroposophisch erweiterte Menschenkunde führte dabei zur bedeutsamen Entdeckung von insgesamt *zwölf Sinnen*.

Auf diesem psychosomatischen Fundament ist das ganze Buch aufgebaut. Die sinnvolle Gliederung und der differenzierte Bezug dieses Sinnesorganismus zur Umwelt einerseits sowie zu Leib, Seele und Geist des Menschen andererseits ist ein Hauptanliegen des Autors.

Die Bedeutung des Lebens in den Sinnen kann nicht hoch genug eingeschätzt werden. Liefern doch Fülle und Qualität unserer Wahrnehmungen das Ausgangsmaterial fast allen seelischen Erlebens, denkerischen Verarbeitens und die wesentlichen Anregungen zu einem entsprechenden Reagieren oder Handeln. Zudem ist das Leben in der Übergangszone der Sinne nicht nur unlösbar mit fast allen Bereichen der Natur verwoben, sondern auch mit der sozialen und gesellschaftlichen Umwelt und mit unserem vielschichtigen Innenleben. Es wurde deshalb der Ausblick auf grundlegende und übergeordnete Gebiete erforderlich, wie zum Beispiel die Kapitel »Zur Unterscheidung von Mensch und Tier«, »Der Mensch und die Naturreiche« oder »Die vier Elemente und der Jahreslauf« zeigen.

Eine einseitige Hinwendung zur Welt der Sinne hat den modernen Menschen zu dem Aberglauben verführt, die materielle Außenwelt sei die einzige und wahre Wirklichkeit. In dieser Seelenhaltung, die in eine Verdunkelung des eigenen Geistes einmündet, vollendet sich gleichsam die Ausstoßung aus dem Paradies der früheren übersinnlichen Verbundenheit als Folge des »Sündenfalls«. Die Frage nach der übergeordneten Instanz, welche sich den Sinneswahrnehmungen aktiv entgegenstellt, sie ordnet, verarbeitet und sinnvoll verbindet, ist deshalb eine vordringliche. Es ist die Frage nach dem richtigen und rechtzeitigen Sich-Ent-sinnen und bewußten Be-sinnen, damit wir »nicht an das Gegenständliche gekettet« (Anton Kimpfler) bleiben. Sie wird besonders im zweiten Teil dieser Schrift aufgegriffen und bis zur Verknüpfung des Sinnlichen mit dem Übersinnlichen – unter anderem auf dem Wege der Meditation – weitergeführt. Dabei tritt das Ich selbst immer mehr als das eigentlich sinn-gebende Geistwesen in Erscheinung, das sich im Sinnenbereich zur Individualität entwickelt.

Viele Probleme konnten zweifellos nur angeschnitten oder berührt werden. Der Leser möge daraus nicht auf eine Oberflächlichkeit des Autors schließen, sondern die Schwierigkeit der gestellten Aufgabe und den Umfang der Zielsetzung dieser Ausführungen im Auge behalten. Diese führen zu einem Bewußtwerden der unausschöpfbaren Geschenke und Möglichkeiten, die wir durch die Sinne tagtäglich erfahren, decken aber auch die Gefahren und Versuchungen auf, denen wir von innen und von außen her durch ihre Vermittlerfunktion ausgesetzt sind. Das vertiefte Durchschauen unseres Lebens in den Sinnen und die Anregung zu ihrem rechten Gebrauch ist ein unerläßlicher Baustein echter Selbsterkenntnis. Möge der Leser aus ihr einen entsprechenden Impuls zu seiner Selbsterziehung gewinnen; dann hat das Buch seinen Sinn erfüllt.

Dr. med. Walther Bühler

Einleitung

Das vorliegende Buch will den Leser mit bisher weitgehend unbekannt gebliebenen Erkenntnissen der modernen Sinneslehre bekannt machen, die durch ihre Konsequenzen für das praktische Alltagsleben von großer Bedeutung für uns heutige Menschen sind. Auf einen kurzen Nenner gebracht, lautet die zentrale Aussage: Wir Menschen haben mehr Sinne, als wir im allgemeinen wissen, und jeder unserer Sinne ist umfassender, als wir zunächst denken.

Besäßen wir wirklich nur, wie bisher angenommen, fünf Sinne, wären unsere Möglichkeiten des Zugangs zur Welt sehr eingeschränkt. Vieles müßte uns unbekannt bleiben, stünde uns nicht in jedem Fall, und ohne daß wir uns dessen zunächst bewußt sind, eine Reihe weiterer Sinnesorgane zur Verfügung, die uns die Abläufe in und um uns erkennen lassen. Wie das vorliegende Buch zeigt, verfügen wir über zwölf verschiedene Sinne, durch die wir die Welt wahrnehmen. Zunächst mag der Leser vielleicht über diese Zahl erstaunt sein. Im weiteren Verlauf der Darstellung und bei kritischem, unvoreingenommenem Befragen der eigenen Erfahrung wird sich letztlich diese Aussage bestätigen.

Die Zwölfheit des Sinnesorganismus, wie sie hier dargestellt ist, geht ebenso wie ihre Unterscheidung in drei Vierergruppen auf Rudolf Steiner, den Begründer der Anthroposophie zurück. Die Dreigliederung der Sinne orientiert sich dabei an der Dreigliederung des menschlichen Organismus in ein oberes nervliches, mittleres rhythmisches und unteres stoffwechselgeprägtes System. Parallel dazu lassen sich die zwölf Sinne zusammenfassen zu den drei Gruppen der oberen, mittleren und unteren Sinne. Eine wichtige Rolle spielt innerhalb dieser Vierergruppen auch die Differenzierung des menschlichen Wesens in physischen

Leib, Lebensorganismus oder Ätherleib, Empfindungsträger oder Astralleib und das unverwechselbare Ich – sie ergibt sich aus den Beziehungen des Menschen zu den vier Elementen: dem festen, flüssigen, luftförmigen und wärmehaften.

Die Funktion der einzelnen Sinne für den Menschen läßt sich unter Zuhilfenahme der genannten, den Anschauungen der Anthroposophie entlehnten Unterscheidungen besonders gut beschreiben. Im Verlauf dieser Arbeit zeigt sich so – durch eine vielfache Differenzierung und Verfeinerung der genannten Gliederungen – ganz deutlich, in welch ein kompliziertes Netz von Beziehungen wir mit den Sinnen und durch sie eingebunden sind. Vieles, was – wie hier – zunächst nur sehr allgemein angesprochen ist, klärt sich im Laufe der Untersuchung, wenn es in anderen Zusammenhängen wiederkehrt und erläutert wird. Das Verständnis des Lesers kann sich allmählich verfeinern und vertiefen, wenn das, was zunächst eher thesenhaft skizziert wurde, unter vielfältigen Betrachtungen in neuem Licht erscheint. Meines Erachtens ist dies die dem Gegenstand angemessene Betrachtungsweise, da für das Studium des Menschen in verstärkter Weise gelten muß, was schon bei jedem Gegenstand der materiellen Welt selbstverständlich ist: Er muß von mehreren Seiten angeschaut werden, damit wir ein wirkliches Bild von ihm bekommen.

Meine Ausführungen können das Feld der Sinne bei weitem nicht erschöpfend behandeln. Sie sollen jedoch einen Eindruck von der Bedeutung der Sinne und der Vielfalt der Faktoren geben, die zum menschlichen Wahrnehmen gehören. Das Ziel ist letztlich, zum eigenen Suchen und Üben anzuspornen und den bewußteren Umgang mit den vielen auf uns einströmenden Wahrnehmungen zu fördern. Eigeninitiative und Mitarbeit des Lesers sind in diesem Buch gefordert; durch denkerische Beobachtung wird er sich selbst immer besser kennenlernen – und dies ist die unerläßliche Voraussetzung für universelle Welt- und Menschenerkenntnis. Viele Formulierungen in diesem Buch sind bewußt offen und freilassend, um den Leser zur

Sinnesübung und Denkarbeit anzuregen, anstatt ihm dies abzunehmen. Er wird so schon bei der ersten Lektüre – und noch mehr bei wiederholtem Lesen – sehr viel Neues entdecken, durch das sich der eigene Wahrnehmungsbereich vergrößert.

Über die Sinne erweitert sich das Bewußtsein. Indem wir persönliche Trägheit überwinden, öffnen sich uns geistige Pforten und neue Horizonte. Sinnesverlust ist Weltverlust. Sinnespflege – und Voraussetzung dafür ist ein Erkennen der Vielschichtigkeit und des Ablaufes der Sinnesprozesse – bedeutet eine Weltannäherung und Weltverwandlung. Dadurch lernen wir unser eigenes Wesen ebenso wie den Kosmos kennen. Insbesondere aber zeigen sich dabei die vielen Beziehungen zwischen beiden und unsere Möglichkeiten, diese zu beeinflussen und Zukunft mitzugestalten.

I

Kosmos der Sinne

1 Unser unersetzliches Wahrnehmungs- vermögen und seine Bedeutung

Durch die Sinne lernen wir kennen, womit wir leben. Sie tragen uns die Bedingungen zu, unter denen wir wirken. Ohne sie wüßten wir nichts von unserem Verhältnis zur Welt und zu dem, was andere Menschen vollbringen. Niemand kann auf sie verzichten. Er wäre sonst zur völligen Untätigkeit verurteilt.

Die Grundlage aller Welterfahrung liegt in der sinnlichen Wahrnehmung. Das gilt für jedes Individuum, aber auch für alle Wissenschaft. Unsere Sinne sind unverzichtbar. Sonst wird jede gedankliche Folgerung falsch und anstelle von Klarheit größeres Nicht-Verstehen erzeugt.

In solch einer Gefahr befinden wir uns heute stärker als je zuvor. Durch die Spezialisierung der Wissenschaft verbringen viele Forscher ihre Zeit überwiegend mit Beschäftigungen, bei denen keine direkten Wahrnehmungen möglich sind, so zum Beispiel mit der Untersuchung von Atomen oder Viren. Für die eigenen Sinne bedeutet dies einen fortgesetzten Erfahrungsverlust. Immer gewaltigere Apparate können das nicht wirklich ausgleichen, weil sie eine zum Teil erhebliche Beeinflussung des jeweiligen Gegenstandes verursachen. – Dies deutet schon auf einen wichtigen Gesichtspunkt hin. Die Sinne leiten uns zu dem, was außerhalb von unserem Bewußtsein existiert. Sie lassen anderes in seiner Wesensart zu uns sprechen. Würde das nicht geschehen, ergäbe sich keine echte Erkenntnis, denn wir würden uns selbst ständig dazwischenschieben und alles trüben.

Das Besondere der Sinne ist, daß sie sich nicht selbst äußern, sondern anderes zur Geltung kommen lassen. Sie vermitteln uns, was sich innerhalb der physischen Welt vollzieht. Durch sie haben wir so etwas wie einen Spiegel der gesamten Schöpfung vor uns.

Was die Welt außer uns ist, das also offenbaren die Sinne. Mit ihnen reichen wir über uns hinaus. Sie sind die wirklichen Mittler. Ihre Aufgabe kann als Anbieten von Orten der Begegnung mit den Erscheinungen der Umgebung bezeichnet werden. Durch sie wird solches erst möglich. Das ist von unschätzbarem Wert. Die Sinnesorgane selbst üben dabei größte Zurückhaltung aus.

Wir spüren beim Wahr-Nehmen nicht die Sinne, sondern das, was sich durch sie mitteilt. Wo sich von organischer Seite her etwas Störendes hereinschiebt, verlieren beziehungsweise verzerren wir ein Stück Wirklichkeit. Die Erkenntnisfindung ist dann schwieriger. Das zu Erforschende entfernt sich.

Wenn wir die Sinne voll ausschöpfen, anstatt uns voreilig von ihnen abzuwenden und an die ungewissesten Vermutungen hinzugeben, haben wir einen Quell der Wahrheit vor uns. Aus der Welt um uns ergehen ununterbrochene Mitteilungen, die wir desto reicher erfassen, je ungehinderter sie zu uns herandringen. Das heißt nicht, daß sich keine eigenen Empfindungen anschließen sollen. Ganz im Gegenteil: Tieferes Wahrnehmen ermöglicht intensivere Empfindungen.

Jede Sinnesschwächung ist demgegenüber ein Wirklichkeitsentzug. Die Wahrnehmung unseres Verhältnisses zur Welt wird geschmälert. Darunter leidet auch die Seele, denn was in ihr an Empfindungen folgt, hat eine viel schwankendere Basis. Sie verarmt, wenn wir uns nicht ständig neu öffnen.

Wir müßten uns wie in einem Gefängnis erleben, wenn wir die Wahrnehmung nicht hätten. Die Sinne tragen Eigenschaften in sich, welche die Seele erst allmählich zu erwerben hat. Eine uns überragende Wirklichkeit läßt sich im Vorhandensein der Sinnesorgane begreifen. Wir benutzen sie, ohne uns dies üblicherweise genügend bewußt zu machen.

Was die bewußte Verbindung zwischen uns und der Umgebung gestattet, so daß wir diese gestalten können, ist eine höhere, geistige Welt. Sie mischt sich nicht ein, sondern hält sich zurück. Dadurch entzündet sich der Kontakt nach außen. Wir betreten Bahnen, welche von Kräften ausgearbeitet wurden, denen wir unsere Entwicklung verdanken.

Somit beruht die Selbständigkeit der Sinne auf einem Geschenk aus dem Geiste. In ihnen gibt sich die ganze Welt kund. Für unsere Seele erschließen sich vielfache Anknüpfungen. Dies wird ermöglicht durch jenes Höhere, das auf uns hingearbeitet hat – um mit uns neu zu erstehen.

Durch die oft sehr gegensätzliche Vielfalt der Sinneswahrnehmungen wird unsere seelische Tätigkeit angeregt. Beim Unterscheiden und Vergleichen entwickelt sich ein freies Erkennen, das sich durch die Erfahrung von geistigen Zusammenhängen weiterbildet. Dabei arbeiten wir auch an unserer eigenen Persönlichkeit. Die Seele begibt sich in das Wahrnehmen hinein und gewinnt daraus völlig neue Eindrücke.

Die Sinneserlebnisse tragen also bei zur Entfaltung unseres Wesens in der Welt. Grobe Vernachlässigungen des Wahrnehmens bewirken dagegen eine Zerrissenheit in uns, die zu ganz unkontrollierbaren Handlungen führt. Eine äußere Getriebenheit stellt sich ein als Konsequenz eines einseitigen, unzulänglichen Wahrnehmens.

Eine begründete Weltanschauung kann sich nicht nach theoretischen Erwägungen entfalten. Sie verlangt, daß wir die Welt bewußter anschauen. Ohne intensives Wahrnehmen ist kein tieferes Verständnis der Welt möglich. Hier zählt nicht die Autorität irgendeines Titels oder Doktorgrades. Den Ausschlag geben die praktischen Kenntnisse, die sich nachprüfen und bestätigen oder anzweifeln lassen.

Durch die Sinne strömt der Atem der Seele. Wir weiten uns aus, um uns wieder stärker zu ergreifen. Ein Ausholen und Zusammenziehen wechselt sich ab und fördert sich gegenseitig. So blicken wir besser nach außen – und von daher auf uns selbst. In Wirklichkeiten schreiten wir hinein, die sich mit uns bewußt vereinigen. Sie erschließen sich uns nur über persönliche Anstrengungen.

Die Art, wie wir uns zu den Sinnen und dem durch sie

Vermittelten stellen, erhält einen bestimmenden Einfluß auf unser Inneres. Zu oft achtet man nur auf den Stoff oder auf den Leib und verliert die Einsicht in die anknüpfenden Bereiche, welche die Wahrnehmung begleiten beziehungsweise erst möglich machen. Jede Einseitigkeit richtet sich jedoch gegen uns selbst zurück, sie kann seelische Wunden verursachen, die schon manchen Lebenslauf erheblich gestört haben.

Ein bloß sinnesbezogenes Zeitalter unterschätzt das Wahrnehmen deshalb so sehr, weil es nicht die seelische Beteiligung und die geistigen Elemente darin begreift. Man redet viel vom Stoff und vom Leib – aber verdirbt beide dennoch.

Eine Frage nach Geist und Seele ist der Umgang mit Stoff und Leib. Nur erstere können ein Bewußtsein davon haben, was letztere bedeuten. Das Sinnliche nimmt sich nicht selbst wahr. Unser Empfinden und Begreifen gehört dazu.

Geistig wird unserer Seele das Sinnliche gegenwärtig. Es entweicht uns, wenn das Bewußtsein nachläßt und wir einschlafen. Dann schwindet auch das Wahrnehmen dahin.

Das Bewußtsein des Sinnlichen beruht auf der Anwesenheit des Geistigen. Es entwickelt sich in der Begegnung und der Auseinandersetzung mit der Welt. Was sich hierbei vollzieht, lebt in uns fort. Die Wahrnehmung wird angeregt durch ein Endliches, kann aber in der Seele weiterexistieren. Über die Qualität und Dauer dieser Existenz entscheidet unsere innere Aktivität.

Das Sinnliche bringt eine Wandlung in der Seele hervor, wenn wir uns den Wahrnehmungen nicht passiv überlassen, sondern uns denkerisch mit ihnen beschäftigen. Dann kann sich unser Bewußtsein daran entwickeln.

Sinnliches erscheint ohne uns, das Denken nur mit uns. Dazwischen liegen die Gefühle. Indem wir uns nicht an sie ausliefern, sondern sie an den Wahrnehmungen kontrollieren, beginnt ein Hereinwirken des Ich. Dieses weist auf unseren bewußten Anteil am Geist.

Am Sinnlichen entzünden sich Empfinden und Denken. Das Empfinden ist eine direkte Erwiderung aus dem

Innern; das Denken bezieht sich auf dessen Bewußtmachung.

Mit dem Empfinden bildet sich das eigene Seelenleben aus. Durch das Denken orientieren wir uns in der Welt. Sofern dies gelingt, äußert sich das Geistige im Denken als bewußter Wille.

Der Geist ist die Quelle und die Welt der Partner unseres Denkens. Es gäbe keine Gewißheit in der Welt ohne unser Denken. Wir fügen hinzu, wonach das Sinnliche unbewußt verlangt.

Wir sind jene Wesen, die wahrnehmen, wie sich die Welt gestaltet hat. Indem wir erkennen, beginnt eine Neuschöpfung aus dem Geist. Das Denken fängt mit seiner eigenen Bewegung dort an, wo das Sinnliche aufhört. Es erringt das Vermögen, etwas von der vergänglichen Welt zu bewahren. Was am Sinnlichen erwacht, kann zu seiner Weiterführung dienen. Das Denken garantiert ein geistiges Fortwirken der Welt.

Das Ich wurzelt im Geist. Unser Erkennen wird mit der Welt zusammen erworben: mit dem, was sich in ihr befindet, in ihr lebt, sich bewegt und auf uns reagiert. Alles sich in der physischen Welt Kundgebende ist als sinnliche Wahrnehmung zu bezeichnen. Dazu gehören sämtliche Erscheinungen der Erde, vor allem die Naturreiche und der Mensch, ferner die von ihm hervorgebrachten kulturellen und technischen Schöpfungen. Das Mineralische steht ganz für sich da und läßt sich deshalb vielseitig gebrauchen. In der Pflanze betätigt sich bereits eine angrenzende höhere Welt, nämlich jene der Bildekräfte oder Ätherkräfte. Das Tier besitzt ähnlich wie wir eine Empfindungsorganisation, auch Astralleib genannt. Nur wir aber haben ein Ich, welches seiner selbst bewußt sein kann.

Die Zustände und Ereignisse innerhalb der physischen Welt wirken auf unsere Seele – und zwar über Öffnungen in der Leiblichkeit: die Sinnesorgane. Beim denkerischen Bewußtmachen dieser Vorgänge gibt sich das Ich kund.

Das Sinnliche allein würde eine Bewußtseinsschwächung bewirken, wenn wir uns ihm gedankenlos hingeben. Die

Wachheit gewährleistet das im Denken anwesende Ich. Es reißt die Seele aus einem bloßen Verströmen an die Welt heraus und erobert so das Erkennen.

Im seelischen Empfinden bleiben wir schwankend und willkürlichen Launen ausgesetzt. Das Denken jedoch sorgt für klare Richtungen. Es kann sich geistig mit der ganzen Welt verbinden und diese verändern.

Nichts Sinnliches bleibt endgültig bestehen. Auch als Unvollkommenes kann es jedoch eine Weisung für uns sein. Das scheinbar Niedrigste deutet oft auf die größten Aufgaben hin. Deshalb sollten wir niemals eine Wahrnehmung geringschätzen. Jede verlangt vielmehr besondere Aufmerksamkeit von uns.

Mit der Wahrnehmung schreitet unser Erkennen voran. Ohne sie hätten wir keinen freien Pfad zur Wahrheit, also keine Möglichkeit, alles selbst in seinem Wert zu beurteilen. Durch die Sinnesorgane stehen uns die verschiedensten »Helfer« zur Seite. Sie führen uns zur Welt. Mit dem Denken können wir daraus mannigfaltigste Lehren ziehen.

Dies ist die Lebensbahn des modernen Menschen: nicht vor den Sinnen zurückweichen, sondern über sie hinausstreben. Die Welt gibt das »Material« ab, an dem wir unser Ich heranbilden. Mit ihren Erscheinungen setzen wir uns auseinander und verständigen uns darüber in Form der Wissenschaft. Sie hat zwei Seiten: jene der Natur und jene des Geistes.

Naturwissenschaft und Geisteswissenschaft fordern sich gegenseitig. Zum einen müssen wir beachten, was wir antreffen. Dies ist die sinnliche oder natürliche Seite. Zum anderen ist zu erforschen, was unsere eigene Stellung beinhaltet. Das gehört zur geistigen Seite.

Im Doppelaspekt des Wortes »Sinn« wird beides angesprochen. Einmal ist mehr ein Organ des Wahrnehmens, dann aber auch eine tiefere Bedeutung des sich daran entzündenden Prozesses gemeint. Was wir wahrnehmen, hat einen Bestand in sich. Gleichzeitig hat es etwas mit uns zu tun. Indem wir erkennen, erfahren wir von der Welt – und es vollzieht sich etwas mit uns selbst.

Der Sinn entstünde nicht ohne die Sinne. Sie bereiten vor, was mit dem erkennenden Ich eine Erhöhung erfährt. Es sollen sehr wohl all die verschiedenen Objekte der Welt von uns untersucht werden. Doch wir dürfen uns selbst nicht vergessen. Durch uns kann das Untersuchen erst geschehen. Das wird mit der Geisteswissenschaft bewußt. Diese hat somit auch der Naturwissenschaft ihren Sinn zu verleihen. Sonst gerät letztere auf die bedenklichsten Geleise.

Die Sinne können uns zum Sinn der Welt und des eigenen Wesens hinbringen oder davon ablenken. Das hängt ab von der geistigen Tätigkeit, die sich anschließt. Durch sie erhält die zunächst eher statische Wahrnehmung einen dynamischen Charakter. Dieser bewahrt uns vor vielen Schäden.

Durch unsere Wahrnehmungen wird eine Gesprächsbereitschaft ausgelöst, die alles lebendiger erscheinen läßt. Der Kontakt zur Welt muß nicht auf beschränkten Einzelvorgängen beruhen. Er wandelt sich selbst zu einem organischen Ganzen, wenn wir uns ihm regelmäßig mit genügender geistiger Intensität widmen.

Der Prozeß ist dabei immer wichtiger als das bloße Detail. Dieses läßt sich niemals nach sich selbst einschätzen. Seine gesunde Beurteilung verlangt den Vergleich mit weiteren Wahrnehmungen.

Je reicher wir die Möglichkeiten der Sinne ausschöpfen, desto sinnvoller kann unser Dasein werden. Das Irdisch-Äußerliche regt einen fortwirkenden Lebensprozeß an. Der Impuls zum Weitertragen dessen wächst hervor, was uns auf der Erde wertvoll ist.

Geist und Seele im Verhältnis zum Leib

Über unseren Leib nehmen wir teil an der uns allen gemeinsamen Welt. Von ihr werden die unterschiedlichsten Empfindungen ausgelöst – abhängig von der individuellen Eigenart der Seele. Daß wir wiederum in eine Verständigung über unsere Wahrnehmungen und Empfindungen eintreten können, bewirkt ein weiteres Element: das geistige. Dadurch ist ein Austausch über die vielfältigsten Erfahrungen möglich.

Der Leib ist die Grundlage für alles sinnliche Wahrnehmen. Die Seele verbindet sich mit dem Wahrnehmen – und kann sich wieder ablösen. Das geschieht in lebendigen Rhythmen, welche sich – gestützt auf die Atmung und den Blutkreislauf – zwischen der Welt und uns vollziehen. Dadurch wird eine geistige Aktivität angeregt. Die körperlichen Stoffwechselvorgänge sind uns kaum bewußt. Das Bewußtsein hängt mit dem auf die Außenwelt bezogenen Nervensystem zusammen.

Über den Leib gelangen uns die Erlebnisse mit der Welt zum Bewußtsein. Als Selbstbehauptung ihnen gegenüber entwickelt das Ich eine geistige Eigenkraft. Am Gegensatz erringt es sein Einigungsvermögen. Stets vollzieht sich wieder ein Ausgleich zum bloßen Aufnehmen, an dem das von den wechselnden Rhythmen begleitete Fühlen teilnimmt.

Ohne Polaritäten in unserem Organismus gäbe es keine Selbstentfaltung. Hätten wir nur das Verstandesdenken im Kopf, würden wir ständig in uns selbst kreisen. Die Sinne sind unsere Rettung. Sie öffnen uns für die Erde, können uns aber auch daran binden, wenn wir uns nicht wieder geistig kon-zentrieren, um eine innere Beweglichkeit gegenüber dem äußeren Wahrnehmen zu bewahren.

Der Leib als ganzer strebt nach unten, was sich schon in der Richtung der Gliedmaßen – Arme und Beine – zeigt. Er begegnet den Kräften der Erde, gegenüber denen er sich mit dem Stoffwechsel behauptet.

Im Kopf haben wir so etwas wie eine kleine Welt mit dem Mittelpunkt des Ich-Bewußtseins vor uns, das zwar für sich allein noch nicht existieren kann (siehe das Erlöschen im Schlaf), aber durch freie geistige Tätigkeit eine klare Orientierung bis in die Glieder hineinzubringen vermag.

Der Kopf lebt durch den übrigen Leib. Er kann jedoch zugleich unser Befreier werden, indem er dafür sorgt, daß wir nicht dumpfen Trieben folgen, sondern über das Bewußtsein uns ein selbständiges Handeln anerziehen. Dieses entsteht aus der Fülle an Erfahrungen, die wir mit der Umwelt, mit anderen Menschen und mit uns selbst haben.

Über den Kopf nehmen wir entgegen: leiblich, seelisch und geistig. Das reicht von der Nahrung, der Atmung und über Sinneseindrücke bis zu den tiefsten Mitteilungen. Trotz all diesem könnten wir nicht das geringste anfangen, wenn uns der Gliedmaßenbereich nicht bei der Ausführung helfen würde.

Die Seele steht in der Mitte zwischen Empfangen und Geben. Sie läßt uns die Beschaffenheit des Leibes und dessen Verhältnis zur Welt spüren. So können wir ein klares Urteil fassen und uns zu den geeigneten Taten entschließen.

Sind wir zu sehr dem Kopf verhaftet, steigt eine nervöse Hektik in uns auf. Seine Aktivität will alles sogleich verändern und wird mitunter bis zur Krankhaftigkeit beschleunigt. Nach unten hin, zu den Gliedern, tritt uns die Trägheit entgegen. Kräfte der Schwere äußern sich da. Dazwischen haben wir jenen Herzbereich, der uns das gesunde Maß finden läßt.

Durch die aktive Denkbewegung im Kopfe wird unser Bewußtsein erhellt. Weiter unten herrscht eine derartige Bedächtigkeit vor, zum Beispiel in der Verdauung, daß sie sich der bewußten Wahrnehmung entzieht. Wir haben dazu nur Zugang über eine Wirkung auf die Seele. Im Gefühl der Sättigung oder des Mangels drückt sich der körperliche Einfluß aus.

Jene geistigen Kräfte, durch welche wir uns von oben her freimachen, helfen der Seele, sich als Eigenwesen gegenüber dem Leib zu erfahren. Im mittleren Bereich des Organismus, im Herzen, ereignet sich die Begegnung zwischen oben und unten (von Kopf und Gliedern).

Vom Augenblinzeln angefangen, über Atmung und Kreislauf, bis zu den stoffwechselmäßigen Vorgängen, ist alles von lebendigen Rhythmen durchzogen. Ein Wechselspiel von Aufnehmen und Ausstoßen findet statt. Wir stärken uns daran und werden zum Geben befähigt.

Was im Leib das Ende – ein Ausscheiden – ist, kann im

Geist das Höchste werden: ein Sich-Verschenken durch Gedanken und Taten. Das erfordert einen mühsamen Wachstumsprozeß der Seele.

Die Sinne beteiligen sich in verdienstvoller Weise. Sie sagen uns, was in der Welt bereits vorgeht. Auch nehmen wir wahr, wie es mit dem eigenen Organismus steht. Ferner können wir uns mit den Einsichten anderer Menschen beschäftigen, sei es durch einen Vortrag, ein Gespräch oder die Lektüre eines Buches.

Unser Kopf wäre verloren, wenn ihm nicht über den Leib ständige Aufbaukräfte und über die Sinne weitere Belehrungen zukämen. Dadurch kann sich das Ich betätigen und mit anderem zusammentreffen.

Ohne die Sinne gäbe es die Erde für uns nicht. Sie sind die Begegnungsfelder zwischen uns und ihr. Was mit der Wahrnehmung eindringt, an das bleiben wir nicht gefesselt. Durch die Gliedmaßen ist ein Mitgestalten möglich. Das Ich kann die Welt erfahren – und in sie eingreifen. Es muß sich nicht dem Erkannten unterwerfen, sondern vermag sich selbst einzubringen. Hierzu benötigt es ein realistisches Urteilsvermögen sowohl hinsichtlich der persönlichen als auch der sozialen Gegebenheiten.

Mit dem Leib betreten wir die Welt und können uns darin betätigen. Der Kopf ist wie ein Zuschauer. Über die rhythmischen Prozesse und unseren unteren Organismus werden verwandelnde Impulse zur Verkörperung gebracht (bis hin zur Zeugung und Fortpflanzung). Atmung, Kreislauf und Stoffwechsel bleiben auch tätig, wenn Ich und Astralleib den Schlaf aufsuchen. Durch diesen gleichen sich die körperlichen Auszehrungen der Tagesarbeit aus.

In unserem oberen Wesen erwacht das Bewußtsein. Dort erschöpft sich der Leib. Er muß vom Stoffwechsel her erneuert werden. Durch ihn dringt ein fortwährender Aufbau in uns hinein. Ohne letzteren könnten wir uns nicht erlauben, so sehr der Außenwelt zugewendet zu sein.

Von oben aus erstirbt der Leib. Das Geistige leuchtet auf. Mit ihm können wir die Welt gestalten. Die Voraussetzung ist, daß immer wieder neues Leben nachkommt. Darauf hat

26

die Seele zu achten. Sie pulsiert zwischen Vergänglichkeit und Dauer.

Der Kopf hat mit unserer Intellektualität zu tun, welche die Welt in sich spiegelt. Der Wille zum Handeln stammt aus der Stoffwechsel-Gliedmaßen-Region, wie dies Rudolf Steiner geisteswissenschaftlich im Zusammenhang mit der Dreigliederung des menschlichen Organismus darlegte in dem Buch *Von Seelenrätseln*. Darin hat er auch erstmals die Erkenntnis von den zwölf Sinnen in die Öffentlichkeit getragen.

Unser Denken bewegt sich zwischen Sinnesvorgängen und dem Nervensystem. Das Fühlen hängt mit den Rhythmen von Atem und Blutkreislauf zusammen. Bei ihm gelangt das Äußere mit dem Inneren in Beziehung. Der Wille wirkt mit dem Stoffwechsel zusammen und ergießt sich in die Glieder hinein.

Nach unten ist unser Bewußtsein abgedunkelt. Der Wille liegt in der Verborgenheit. Was wir mit ihm vollbracht haben, entzieht sich uns auch wieder.

Das Denken und Wahrnehmen des oberen Menschen geschieht in der Helligkeit des Bewußtseins. Wir sind in dieser Sphäre sinnlich und geistig anwesend.

Das Fühlen schwankt von Helle zu Verdunkelung und wieder zurück. Mit ihm sind wir hin und her gerissen zwischen dem, was bereits erreicht ist, und anderem, was erst anfängt.

Das Erkennen über den Nerven-Sinnesbereich erscheint als Nachvollziehen der Außenwelt, die in uns hereinstrahlt. Wir können sie aus einem gewissen Abstand beobachten. Der untere Bereich ist ununterbrochen in Tätigkeit. Unsere Wahrnehmung davon ist allerdings zu einer keimhaften Ahnung abgeschwächt. Für den gesunden Einklang sorgt das rhythmische System, indem es zwischen den Gegensätzen vermittelt.

Oben wissen wir geistig von uns als Leibeswesen. Unten sind wir bis in den Leib hinein Geisteswesen, das heißt hier wirkt alle Veränderung bis in die Materie hinein.

Der Umkreis unserer Seele erstreckt sich vom wachen

Bewußtsein im Leibe bis zur schlafenden Geistesunmittelbarkeit. Von letzterer kann uns manches gefühlsmäßig wie ein Traum umweben und auch wieder entschwinden. Es dauert oft Monate, Jahre oder länger, bis sich aus der Ahnung eine genügende Erkenntnis bildet.

Die skizzierte Dreigliederung ist bei den Tieren niemals gleichmäßig ausgeprägt. Sie leben entweder mehr im Sinnes-Nervenbereich (Vögel, Nagetiere), in den rhythmischen Kräften (Raubtiere, Fische) oder in der Stoffwechsel-Gliedmaßenregion (Wiederkäuer, Huftiere). Bestimmte Eigenschaften von Kopf, Rumpf und Gliedern dominieren hier, während sich beim Menschen ein ausgeglicheneres Nebeneinander und Ineinander bis in die äußere Gestalt manifestiert. Durch ihn verkörpert sich ein Geist, welcher die Mitte zwischen den Extremen einhält. Das gestattet sein Ich-Erlebnis. Er stößt an den Raum wie das feste Mineral, entfaltet sein Wesen durch die Zeit wie die sich wandelnde Pflanze, reagiert auf die Umgebung wie das empfindende Tier, kann sich jedoch über diese drei Naturreiche erheben.

Aus der strengen Geformtheit des Kopfes ist uns der physische Raum anschaubar. Oben sind wir am meisten auf ihn bezogen. In der Leibesmitte waltet im Wechsel von Atmung und Kreislauf ein zeitlicher Rhythmus, der uns das ganze Leben begleitet. Von unten steigen die Triebe hervor, durch welche wir vielfach unkontrolliert auf die Umwelt reagieren. Sie lassen sich jedoch auch mäßigen und zu schöpferischen Kräften wandeln. Darin betätigt sich das Ich. Es steht hinter der gesamten Dreigliederung unseres Organismus – als ihr harmonischer Zusammenklang.

Im Wahrnehmen kann sich unser Ich auf bestimmte Sinnesleistungen konzentrieren. Aber dieses bleibt stets es selbst. Von keinen Details wird es aufgesogen, sondern erhält sich in Übereinstimmung mit einem höheren Ganzen.

Mit unserem Ich bringen wir die Welt weiter. Was wir über die Sinne an Erfahrungen gewinnen, läßt sich denkerisch auswerten. Durch die Seele lebt es fort. Bei genügender geistiger Intensität bleibt das Wesentliche dessen bestehen, was äußerlich verfällt.

Das Ich empfängt nicht bloß Eindrücke. Es leitet etwas von ihnen in die Zukunft hinein. Unsere sinnlichen Möglichkeiten haben sich einer seelischen Bewährung zu unterziehen, um uns als geistige Fähigkeiten zu begleiten.

Ursprung, Vergänglichkeit und Neuschöpfung

Die Sinne gehören ebenso zur Welt wie zu uns selbst. Sie stehen dazwischen. Beiden sind sie nahe, aber sie gehen nicht darin auf. Eine gewisse Autonomie haben die Sinne gegenüber dem Menschen – und wir auch ihnen gegenüber. Wo wir uns aber vorschnell von ihnen abkehren, schwächen wir alles Erkennen. Die Negierung der Sinne trifft uns selbst. Wir verleugnen dann etwas vom eigenen Wesen.

Eine Gefahr der Verleugnung liegt auch in der experimentellen Methode, wenn diese sich des Lebendigen so bemächtigt, daß sie nur noch zerlegte, tote Gegenstände vor sich hat, oder wenn sie in uns eingreift und die seelische Unabhängigkeit beeinträchtigt. Dann zeigen sich Resultate, die aus einer Entstellung der Welt oder unserer selbst entspringen. Der Autor Martin Juritsch betont in seinem Buch *Sinn und Geist – Ein Beitrag zur Deutung der Sinne in der Einheit des Menschen* (Freiburg/Schweiz 1961) mit Recht: »Der Mensch als lebendiges, wertendes, fühlendes Wesen ist in seinem innersten Erleben dem Experiment letztlich nicht zugänglich. Die experimentelle Unerreichbarkeit der menschlichen Tätigkeiten in ihrem lebendigen Vollzug gilt auch für die Sinnestätigkeit. Als lebendiger Vollzug ist sie primär nur dem Selbsterleben erreichbar. Eine Sinnespsychologie muß deshalb zuerst an der Selbsterfahrung ansetzen. Die experimentelle Methode hingegen sagt an sich mit Messung und Statistik noch nichts über den sinnlichen Akt als lebendigen Vollzug aus. Sie ist von ihrer Eigenart her auf eine Quantifizierung abgestellt und kann deshalb nur über die materiellen Aspekte und Äußerungen der Sinnestätigkeit Aussagen machen. Aber sie wirft sofort die Frage auf, ob Sehen und Hören nichts anderes seien als der mechanische Einfluß der Dinge auf die Organe. Die spontane Selbsterfahrung verneint die Frage. Das heißt aber, daß der Entscheid darüber, was Empfinden und Wahrnehmen seien, zuerst vom lebendigen Menschen und seinem Erleben her gefaßt werden muß.«

Die Wende zur Selbsterfahrung, von der Martin Juritsch schreibt, ist unser Anliegen. Dafür kann das experimentelle, naturwissenschaftliche Forschen eine ausgezeichnete Vorbereitung sein. Doch es nimmt uns bezüglich der seelischen Beobachtung nichts ab. Diese sollte sich in aller Selbständigkeit jeweils neu vollziehen. Hier hat jeder sich zu befragen und dann die Ergebnisse mit denen anderer Menschen zu vergleichen.

Auf dem Felde einer Erkenntnis der Sinne bestätigt, korrigiert oder ergänzt nicht ein Experiment das andere, sondern der eine Mensch den anderen. Jeder erlebt sich in einer gewissen Distanz zum Wahrnehmbaren. Er verschmilzt nicht damit, sondern kann dieses betrachten. Unser Bewußtsein ist ähnlich wie das Licht, welches Erscheinungen sichtbar macht, aber selbst unsichtbar bleibt. Auf der anderen Seite gibt es für uns auch eine gewisse Anpassung an das Dunkelsehen. Eine Übergangszeit wird nötig, welche uns ahnen läßt, wie die entsprechenden Organe sich auf ihre Umgebung einstellen.

Daraus läßt sich auch ableiten, daß nicht das Licht allein unser Sehen bewirkt. Es sind zugleich abdämpfende Prozesse nötig. So können wir nicht längere Zeit die Sonne direkt anblicken; wir müßten sonst erblinden. Der Tagesanbruch deutet wiederum an, wie durch die Erhellung neues Bewußtsein in uns einzieht. Das Entscheidende ist also ein Sich-Begegnen von Polaritäten.

In ähnlicher Weise kann dies bei anderen Wahrnehmungen nachgeprüft werden, etwa am Beispiel des Gleichgewichts. Wenn es keine Schwere gäbe, hätten wir keine Grundlage für diesen Sinn. Jedoch sind auch die Kräfte erforderlich, welche uns aufrichten. Hier ist ebenfalls eine

Polarität entscheidend. Sich zwischen Schwere und Leichte zu erleben, darauf beruht der Gleichgewichtssinn.

Dem Hören müssen wir ebenso eine innere Ruhe entgegenhalten. Zwischen bestimmten Tönen und ihrer Abschwächung bildet sich der Gehörsinn aus. Weil wir nicht voll in ihnen aufgehen, können wir aktiv mit solchen Wahrnehmungen arbeiten. Ein Sprechen miteinander oder das Musizieren wären sonst nicht möglich. An dem zu Hörenden wirken wir dann selbst mit und vermögen es dennoch zu beobachten.

Wir bleiben also vom Wahrnehmbaren getrennt und sind trotzdem ganz offen dafür. Bei Aristoteles und Thomas von Aquin, aber auch bei einem neueren Philosophen wie Max Scheler läßt sich die Darstellung finden, daß nicht die Stofflichkeit der Erscheinungen zu uns überwechselt, sondern die Form, in der sie an uns herantreten. Es spielt sich ein Kräfteprozeß zwischen uns und ihnen ab. Auf den Ursprung der Sinne bezogen, wäre mit dem Sinnesforscher Hugo Kükelhaus *(Organismus und Technik)* zu ergänzen, daß ein Organ nicht zum Zweck einer später zu erwartenden Funktion entsteht, »sondern durch und als diese Funktion«.

Daran anschließend läßt sich folgern, daß wir so viele Sinne haben, wie wesenhaft verschiedene Wirkungen in Zeit und Raum an uns herantreten. Es wäre also keine zufällige Laune der Natur, sondern das Geheimnis der gesamten Welt in ihnen zu suchen. Wir können es entziffern durch einen lebendigen Austausch unserer unterschiedlichen Erfahrungen mit ihr. – Aus einem Abgegliedertsein und einem neuen Berührtwerden geht alles Wahrnehmen hervor. Wir sind kein toter Apparat dafür, sondern erfahren bewußt, was sich hierbei vollzieht.

Jeder Sinn vermittelt etwas Ausschnitthaftes oder Teilhaftes. In uns selbst aber muß etwas Vereinigendes sein, das trotz aller Differenzierungen es selbst bleibt und Verknüpfungen schafft. Das ist unser Ich. Dieses begründet die Einheit zwischen den Sinnen und bringt einen Zusammenhang der unterschiedlichsten Erfahrungen zustande.

Die Einheit geht vom Ich aus, nicht von den Sinnen. Was sich durch diese in größter Verschiedenheit kundgibt, steht in Verbindung mit einer allen Erscheinungen gemeinsamen geistigen Wirklichkeit. Ohne Bezug zu letzterer könnten wir auch unser »Selbstbewußtsein« nicht aufrechterhalten. Wir würden uns durch die äußeren Dinge wie zerstückelt fühlen.

Hätten wir kein Ich, müßten wir einzelnen Sinneswahrnehmungen unterliegen. Wir wären ähnlich wie das Tier von einzelnen Reizen getrieben. Die Fähigkeit, in der Ganzheit zu gründen, stammt aus dem Geist. Alles sinnlich Wahrnehmbare ist von ihm abgesetzt, damit wir auf freien Wegen wieder zu ihm hinfinden. Wenn so etwas wie die materielle Welt nicht existierte, wäre die Entwicklung des eigenen Wesens unmöglich. Durch den Abstand wissen wir von dem zu Erkennenden.

Ein Sinn ist das lebendige Zeugnis für eine Weltqualität, aus welcher er entstanden ist und mit der zusammen wir uns heranbilden. An ihr können wir leiblich, seelisch und geistig wachsen. Der ganze kosmische Reichtum spiegelt sich in unserem Wahrnehmungsvermögen – und zugleich auch die Stufe, auf der wir uns jetzt befinden. Von allem ist etwas in uns als Organ hineingegangen. Das müssen wir jedoch wieder entdecken.

Wir sind in dem Zustand, wo unsere Seele sich solch einer Aufgabe erstmals richtig bewußt wird. Die Anthroposophie spricht demgemäß vom Bewußtseinsseelenzeitalter. In diesem erwachen wir an der Sinneswahrnehmung zu uns selbst. Sowohl zum Leib als auch zum Geist können wir ein ausgeglicheneres Verhältnis erringen.

Der Wert des Sinnlichen wird uns durch geistige Bewußtseinsarbeit offenbar. Die Vielfalt des Wahrnehmbaren läßt uns stärker denn je nach wirklicher Einheit fragen. Ohne das eine könnte das andere nicht geschehen: Mit den Verschiedenheiten ringen wir so lange, bis wir seelisch kraftvoll genug sind, um uns auf tiefere Gemeinsamkeiten hinzubewegen.

Unser persönlicher Anteil an der Welt, das sind die Sinne. Sie lassen jeden frei, ohne daß er völlig verlassen wäre. Ihre Beschränkung bedeutet zugleich größte Offenheit. Sie verdrängen unsere Seele nicht, sondern regen sie an. Wir verfehlen erst etwas, falls wir die Wahrnehmungen nicht beachten. Diese legen nicht fest, was wir vollbringen. Doch wenn wir manches nicht genügend berücksichtigen, vergeuden wir in vielen Fällen unsere geistige Energie.

Das Bewußtsein baut sich aus dem auf, womit wir uns beschäftigen. Es benötigt dazu die Hilfe der Sinne. Was wir wahrnehmen, geht in unsere Verantwortung über. Die Teilnahme an der Welt ist nicht vorgegeben. Jeder hat selbst zu prüfen und zu wählen.

Im Wahrnehmen ist alles veränderlich. Durch seine aktive Pflege und Weiterentwicklung können wir viel erreichen. Wir erfassen mit den Sinnen nicht bloß, was auf uns wirkt, sondern ebenso, wie wir auf anderes wirken. Die Beachtung von letzterem erweist sich als immer wichtiger, wenn wir selbständig handeln. Sonst tyrannisieren wir unsere Umgebung, statt auf sie einzugehen.

Die Sinne belehren uns darüber, wie die Welt behandelt sein will. Sie sind von einer doppelten Selbstlosigkeit geprägt, denn sie helfen uns und sind gleichzeitig Fürsprecher dessen, was mit uns lebt, einschließlich der eigenen Körperlichkeit. Es wäre verkehrt, zu behaupten, die Sinne würden unser Bild von der Welt erzeugen. Sie halten sich vielmehr zurück, damit anderes sich auszudrücken vermag und wir ein Bewußtsein hiervon empfangen.

Wenn wir diesen Vorgängen nachspüren, erscheinen uns die Sinnesorgane als kontinuierliche Wunder. Sie geben sich hin, auf daß wir allen Gebieten der Schöpfung begegnen. Daran kann sich unsere Seele weiterentwickeln.

Die Sinne sind gekennzeichnet durch ihre Empfindlichkeit für die Welt. Eine umfassendere Offenheit, als wir sie schon in der Seele haben, lebt in ihnen. Sie bieten sich als Hilfe an, daß wir uns auch für alles andere öffnen können. Das Vorhandensein der Sinne ermöglicht ein freies Kennenlernen der Schöpfung. Ihr Wesen ist so weit zurückgenommen, daß unser Bewußtsein nicht erdrückt, sondern aufgeweckt wird. Was als Äußeres allmählich vergeht, vermag unsere Seele in neuer Form zu begleiten.

Es gibt eine ursprüngliche Wirksamkeit, die unseren leiblichen Sinnen vorausgeht. Sie zog sich aus ihnen zurück. Mit den entstandenen Organen können wir wahrnehmen, was sich in uns, um uns oder zwischen uns abspielt. Auf diese Weise entwickelt sich unsere Seele fort. Sie wird selbst zu einer Welt, die andere durchdringt.

Mittels unserer Betätigung auf der Erde gelangen wir voran – und letztlich geistig über diese hinaus. Genauso läßt sich begreifen, daß geistige Wesen existieren, welche durch ein Schaffen an uns aufgestiegen sind. Ihnen verdanken wir die Sinne. Wir sehen, hören oder nehmen überhaupt wahr durch das, was dem Schaffen höherer Wesen entstammt.

Eine Blüte der alten und die Befruchtung der kommenden Welt, das sind die Sinne. Dasjenige betätigen wir, was andere Wesen für uns getan haben. Ihre Hinterlassenschaft greifen wir auf. Wir verwandeln diese – und auch uns.

Zusammenfassend läßt sich in bezug auf das bisher Behandelte eine dreifache Unterscheidung treffen: 1. Einmal haben wir den eigenen Leib. 2. Mit ihm gelangen wir in Beziehung zur Welt um uns. 3. An dieser entfaltet sich unser Bewußtsein, durch das wir die Schöpfung weiterführen.

Drei Schöpfungsstufen begegnen uns, zunächst jene, die mit unserem Leib zu tun hat. Damit verbunden ist unser Wille, der uns noch am verborgensten bleibt. Eine zweite Stufe bezieht sich auf die Erlebnisse, welche zwischen der sich verändernden Welt und unserem hiervon bewegten Inneren ablaufen. Das entfacht unser Fühlen. Dieses wiederum wird auf der dritten Stufe reflektiert. Das Denken bildet sich in der Seele heran, wodurch sie ein Bewußtsein ihrer selbst erlangt. (In der Anthroposophie lassen sich damit drei Stufen geistiger Wesen zusammenbringen. Die dritte führt uns zum Bewußtsein, was die zweite auf der Grundlage der ersten geschaffen hat. Jede Stufe ist in sich differenziert, ähnlich unserem dreigegliederten Leib, den Naturreichen und unseren Seelenfähigkeiten.)

Der Leib und die natürliche Umwelt werden, anders als

das Erkennen, nicht durch unsere Seele hervorgebracht. Sie weisen auf übergeordnete Zusammenhänge, wobei unser Leib schon eine größere Vollkommenheit hat als seine Umgebung, da wir diese wahrnehmen und umgestalten können. Es ist der Leib also nicht mit den übrigen Erscheinungen der Welt vergleichbar, sondern ihn erfüllt ein Drang, der über sie hinausreicht. Diesem entsprechen wir nur dann, wenn wir uns die Bedeutung von Natur und Mensch bewußt machen.

Unsere Sinne möchten uns daran erinnern, was in der Schöpfung für uns bereitsteht und was wir noch zu leisten haben. Je mehr wir die Wahrnehmungsqualitäten als Geisteszeichen erfassen, desto eher können wir anknüpfen und uns auch mit anderen Menschen darüber einigen.

Jede Wahrnehmung bedeutet einen Geistesruf. Die Welt um uns ist voller Botschaften. Mit den Sinnen haben wir die besten Instrumente, um diese zu lesen. Unser Ich muß sie nur zu gebrauchen wissen.

2 Die Dreigliederung der zwölf Sinne

Gemäß der Geistesforschung Rudolf Steiners lassen sich zwölf Sinne unterscheiden, welche durch die Erfahrung jedes aufmerksamen Menschen bestätigt werden können. Vielem ist inzwischen auch die naturwissenschaftliche Forschung auf der Spur, so zum Beispiel einem Kraftsinn, welcher mit der Bewegung der Glieder zu tun hat. Die eingehende Prüfung kann zu einer Unterscheidung hinleiten, welche Rudolf Steiner zwischen einem Lebenssinn und einem Bewegungssinn vollzogen hat. Hier bietet sich noch ein weites Feld für zukünftige Untersuchungen, bei denen sich Naturwissenschaft, Psychologie und Geisteswissenschaft ergänzen und befruchten können.

Es soll nun eine Überschau über das Gesamtgebiet der Sinne erfolgen. An den Grenzen unseres Leibes ist der *Tastsinn* tätig, und zwar, wenn auch unbewußt, so doch fortwährend, da unsere gesamte Haut tastet und wir durch sie ständig Berührung zur physischen Welt haben. Dabei treffen wir verschiedene Arten des Widerstandes oder des Eingehülltseins. Normalerweise registrieren wir die auf unsere Haut einwirkenden Reize nicht; diese schlafen dann sozusagen ein. Wie empfindlich unsere Haut eigentlich ist, kommt uns erst bei einer Veränderung ins Bewußtsein – so etwa, wenn ein größeres Gewicht auf uns lastet oder wir selbst ungeschickt lagern, was manchmal sehr störend, gar schmerzvoll erlebt werden kann. Das wiederum führt schon zur nächsten Wahrnehmung, nämlich zu jener des Lebenssinnes.

Mit dem *Lebenssinn* nehmen wir die allgemeine Qualität unseres Organismus wahr. Seine innere Beschaffenheit wird normalerweise entweder mehr dumpf erahnt, als Trägheit erlebt oder mit einer gewissen Leichtigkeit erfaßt. Der gesunde Mensch weiß im Normalfall nichts über den momentanen Zustand der einzelnen Organe. Er hat aber eine Art Gesamteindruck, der in ihm emporsteigt, vor allem über die Herzregion. Der Grad der Frische oder des Erschöpftseins des ganzen Körpers ist so erfahrbar. Zu diesem Eindruck tragen alle Organe mehr oder weniger bei.

Mit dem *Bewegungssinn* nehmen wir wahr, daß wir einen Ruhezustand verlassen. Er gibt Aufschluß über die wechselnden Verhältnisse von Kopf, Rumpf und Gliedmaßen. Für deren Koordination spielt er eine wichtige Rolle. Im Gegensatz zum Lebenssinn, der das stille Tätigsein des Organismus empfindet, wird uns hier eine Aktivität im Umgang mit dem Körper bewußt. Beim Lebenssinn äußert sich die Leiblichkeit selbst, während der Bewegungssinn beobachtet, was wir mit ihr vollbringen. Wenn Psychologie oder Physiologie vom erwähnten Kraftsinn des Menschen sprechen, wird oft beides vermischt, nämlich die ruhige Verfassung und das bewegte Wirken unseres Körpers. Die Frage nach einem Muskelsinn – auch dieser Begriff fällt gelegentlich – ist hingegen zu eng gestellt, da auch Gelenke an der Bewegungswahrnehmung beteiligt sind.

Eine vierte leibesbezogene Wahrnehmung haben wir mit dem *Gleichgewichtssinn*. Durch diesen Sinn, der anatomisch mit dem nach außen gerichteten Gehör zusammenhängt, heben wir Menschen uns aus der übrigen Natur heraus – als einziges Wesen, das in voller Geradheit dasteht. Hier zeigt sich die Beherrschung des Körpers durch das Ich, welches nicht vor der Schwere kapitulieren muß, sondern sie überwindet und uns bis in die letzte Faser durchdringt. Verlassen wir die aufrechte Haltung, verschwindet die Wachheit meist sehr schnell – so, als ob sie sich dann nicht im Leib halten könnte. Der Körper bedarf offensichtlich des Hochstrebens, um unserer Geistigkeit Raum zu bieten.

Mit diesen vier Sinnen – Tastsinn, Lebenssinn, Bewegungssinn und Gleichgewichtssinn – haben wir die Gruppe der auf unseren Leib bezogenen, inneren oder unteren Sinne kennengelernt.

Durch den *Geruchssinn* erschließt sich uns ein erster

Bereich der Umwelt. Sein körperliches Organ, die Nase, ist mit dem Atem verbunden, ständig nach außen geöffnet und im wachen Leben immerfort reizbar. Ähnlich wie beim Tastsinn bleiben hier viele Reize unbemerkt, weil wir uns an sie gewöhnen. Aufdringliche oder abstoßende Gerüche heben die Gewöhnung jedoch wieder auf. Bei manchem Duft müssen wir uns aber besonders anstrengen und tief einatmen.

Der *Geschmack* ist ein auf das Hereinnehmen und vor allem auf die Ernährung bezogener Sinn. Mit der Zunge erfahren wir, ob etwas süß oder bitter, sauer oder salzig ist. Damit teilt sich auch die Zusammensetzung der Nahrung mit, die sich auflöst. Mehr leiblich-unbewußt hat das eine Auswirkung bis zur Einleitung der Verdauungsvorgänge, während daneben seelische Eindrücke mit dem Geschmack verbunden sein können, die uns nicht unbedingt förderlich sind, sondern auf bloß seelischem Genuß beruhen. Im Extrem bekommt dies der Magen ganz leidvoll zu spüren. Von der genießenden Seite des Geschmacks läßt sich eine Brücke bis ins künstlerische Urteil finden (»Kunstgeschmack«), womit dann auch andere Sinne verbunden sind, vor allem das Sehen.

Vom *Sehsinn* wird die herausgehende Tendenz des Geruchssinnes aufgegriffen und verstärkt. Eine Doppelheit ist hier ebenfalls da. Wir haben zwei sich abwechselnde Nasenlöcher und zwei Augen. Wenn wir uns sehend durch die Außenwelt bewegen, bietet die Zweiheit der Augen eine Vergleichsmöglichkeit. Sie hilft uns zum Beispiel beim Abschätzen von Entfernungen, ermöglicht uns vor allem aber das räumliche Sehen.

Als vierten Sinn dieser Gruppe haben wir den *Wärmesinn*. Er dringt ähnlich wie der Geschmackssinn tiefer in das von außen Kommende ein, sagt also etwas über dessen Qualität aus. Die Wahrnehmung von Wärme oder Kälte geht durch ganze Körperteile oder schließlich durch den gesamten Organismus hindurch. Dabei handelt es sich weniger um die Feststellung einer exakten Temperatur; wir nehmen vielmehr den Grad der Übereinstimmung zwischen Innerem und Äußerem wahr. Die Wärme der Umwelt ist immer auf unsere Körpertemperatur bezogen. Wenn wir etwas als zu heiß oder zu kalt empfinden, so läßt sich dies durch Veränderung der Räumlichkeit, durch Getränke oder durch die Bekleidung ausgleichen.

Geruchssinn, Geschmackssinn, Sehsinn und Wärmesinn führen über unseren Leib hinaus und zeigen das eigene Verhältnis zur Außenwelt. Sie stehen zwischen uns und ihr. Deshalb werden sie als die mittleren Sinne bezeichnet. Unser Geruchssinn reagiert zwar sehr unterschiedlich, der Geschmackssinn ist eigenwillig, das Auge richtet sich ganz persönlich aus und in der Wärmeempfindung sind wir verschieden. Stets aber ist hier eine äußere Anregung vorhanden, auf die sich eine individuelle Reaktion bezieht. Eine besondere Intensität läßt sich bei der Wahrnehmung der Wärme oder besser gesagt bei ihrem Mangel beobachten. So kann es sein, daß wir lange nicht einschlafen, wenn die Glieder erkaltet sind. Unser Wärmeorganismus bleibt dann beeinträchtigt.

Bei der Wärme ist eine ununterbrochene Offenheit nach außen vorhanden – und dies setzt sich fort beim *Gehör*. Das merken wir ebenfalls beim Einschlafen am meisten, wenn uns irgendein zuvor weniger lästiges Geräusch verfolgt. Weil andere Sinne entlastet sind, ergibt sich dann bezüglich der Ohren eine zunehmende Empfindlichkeit. Damit sind wir am Einstieg zu den vier oberen Sinnen, die uns zum Verständnis des Äußeren hinbringen. Wir vernehmen, was sich in der Welt zu äußern vermag.

Während bei der Wärme unser Organismus durch seine möglichst konstante Eigentemperatur deutlich von der Umwelt geschieden bleibt, verbinden wir uns beim Hören mit dem äußerlich Wahrzunehmenden. Ein Schrei, besonders ein greller, kann uns ganz ergreifen. Zur eigenen Orientierung hilft uns bei den Ohren wieder eine Zweiheit, welche jetzt aber nach allen Seiten aufnahmefähig ist. Was im Raum um uns geschieht, überträgt sich als Klang oder Geräusch. Die Schallwellen sind die Übermittler, aber nicht die Ursache. Diese liegt im entsprechenden Gegenstand oder Lebewesen, wobei zu unterscheiden wäre, daß ein Stoff zum Sich-Äußern, das heißt zum Tönen gebracht werden muß, manche Tiere und der Mensch hingegen sich selbst äußern.

Mit den Menschen hebt sich aus dem Hörbaren ein Bereich hervor, der einzigartig dasteht: durch die Sprache. Sie gestaltet im Zeitlichen durch Worte oder Namen, die nicht bloß Klänge sind, sondern auf Dinge, Kräfte, Beziehungen und Wesen verweisen. Auch wenn wir räumlich davon völlig getrennt sind, erfahren wir dennoch von ihnen. Mitteilungen und Erlebnisse von anderen Individuen gelangen, oft über räumliche und zeitliche Distanzen, an uns heran – und nicht nur das augenblicklich physisch Ertönende.

Der *Sprachsinn* umfaßt mehr als das Gehör. Er »hört« nicht nur Geräusche oder Töne, sondern nimmt an Geschehnissen in uns oder in der Welt teil, über die wir uns austauschen und die auch geschichtlich zurückliegen können. Zum einen stehen bei der Sprache die Vokale oder Selbstlaute im Vordergrund, die mit unserer Seele zu tun haben (beispielsweise »a« mit einem Staunen und Aufschauen, »i« mit einem Wacherwerden und Sich-Aufrichten). Zum anderen sind es die Konsonanten oder Mitlaute, welche eher äußere Abläufe bezeichnen (»h« etwas Erhabenes oder auch Lächerliches, »s« etwas Scharfes oder Zischendes). Diese Erfahrungen kann jeder Leser selbst prüfen. Vokale und Konsonanten verbinden sich zu Silben und Worten, die uns Botschaften überbringen.

Durch Geräusche oder Töne läßt sich nicht schildern, zu welcher Zeit jemand froh war oder wie er auf etwas reagierte. Vielmehr legt sich in die bewegliche Empfindsamkeit und Deutlichkeit beim Sprechen eine Mitteilung hinein, durch die unsere Seele erfährt, was sich zugetragen hat. Das geschieht auf der Lebensebene (der ätherischen Ebene) zwischen uns.

Die Gestik kann den Sinn von Worten unterstreichen oder sogar ganz unabhängig vom Hörbaren etwas übermitteln. Eine Gebärdensprache erscheint, die wir auch zu verstehen vermögen. Durch sie sind ebenfalls wesentliche Aussagen möglich.

Wenn Menschen dieselben sprachlichen Ausdrücke benutzen, können sie ihnen dennoch eine unterschiedliche Bedeutung beimessen. Der Sinn ergibt sich aus dem größeren Zusammenhang, in den das Wort eingebettet ist. Um solches zu verstehen, reicht der Sprachsinn (oder Wortsinn) nicht aus. Vielmehr tritt der *Gedankensinn* hinzu. Durch ihn können wir über die einzelnen Gestaltungen der Worte hinaus die – oft sehr komplexen – Gedanken des anderen wahrnehmen. Wir haben also – eben über den Gedankensinn – unmittelbar Zugang zu den Überlegungen fremder Menschen, soweit diese ausgesprochen oder schriftlich dargelegt werden. Das rein Lautliche kann dabei eine Stütze sein, aber auch – wenn wir etwa an ausgefallene Artikulationseigenheiten denken – hemmend wirken.

Beim Schriftlichen ist der Gedankensinn selbständig tätig, denn das Lautliche klingt heute beim Lesen meist nicht einmal innerlich auf. Wir erfassen die Zusammenhänge zwischen den Worten in überzeitlicher (astralischer) Art, deshalb vermögen wir schneller zu lesen als zu sprechen. Außerdem läßt sich der Aufnahmeprozeß jederzeit unterbrechen, um die Gedanken des anderen im eigenen Denken weiterzuführen und danach zur rein aufnehmenden Lektüre zurückzukehren. Dieses Hin und Her kann sich je nach Inhalt und Erfahrung damit beliebig oft und innerhalb von kürzesten Abständen wiederholen. Besonders intensiv wird dieser Vorgang am Beispiel der Mathematik. Hier verschwindet das hinweisende Wort. Wir haben nur noch Gedankensymbole oder geometrische Gebilde vor uns, die für komplexe Sachverhalte stehen, welche sprachlich gar nie exakt auszudrücken sind. Der darin Geübte setzt die Zeichen für sich jedoch so einleuchtend in Beziehung, daß er blitzesschnell – intuitiv – Erkenntnisse gewinnt.

Um Mißverständnisse zu vermeiden, soll folgendes betont werden: Eine Wahrnehmung fremder Gedanken und unser Denken sind immer völlig getrennte und verschiedene Vorgänge, auch wenn sie zeitlich ineinander übergehen.

Die Gedankenwahrnehmung ist und bleibt eine nach außen gerichtete Tätigkeit, das Denken hingegen eine Tätigkeit unseres Seelenlebens.

Ohne den Gedankensinn (auch Begriffssinn genannt) könnten wir nicht verstehen, was der andere meint. Wir erleben einen Menschen jedoch nicht bloß durch seine Gedanken. Jeder ist für uns eine einzigartige Persönlichkeit. Deren unverwechselbares Erkennen wird durch den *Ichsinn* möglich. Mit diesem nehmen wir wahr, daß hinter all seinen verschiedenen Äußerungen und Handlungen eine besondere geistige Identität verborgen ist. Für diese sind wir Organ, weil wir selbst eine solche haben.

Der Ichsinn sucht das Unverwechselbare eines Menschen, welches seine sich ständig verändernde Erscheinung durchzieht. Er weiß um eine individuelle Geistigkeit, in welcher der andere verankert bleibt, auch wenn manche seiner äußeren Reaktionen sich hiervon weit entfernen mag.

Die Ichwahrnehmung garantiert die Achtung der Menschenwürde. Sie bekräftigt das jeweils Besondere des anderen. Wo irgendwelche Schwierigkeiten zwischen uns auftreten, ist stets eine mangelnde Anerkennung der fremden Individualität im Spiel.

Wie schon bei den unteren (inneren) und bei den mittleren (äußerlich-innerlichen) Sinnen unterscheiden wir auch bei den zuletzt dargestellten oberen, auf Sich-Äußerndes bezogenen Sinnen eine Vierheit: Gehör, Sprachsinn, Gedankensinn, Ichsinn oder Ichwahrnehmungssinn. (Etwas vereinfacht wird bei dieser Gruppe auch von äußeren Sinnen gesprochen.)

Bei den unteren Sinnen hatten wir gesehen, wie sie über das physische Abgrenzen des Tastsinns, über das organische Wahrnehmen des Lebenssinns und den aktiven Bewegungssinn zum Gleichgewichtssinn führen. In diesen mündet die erste Gruppe ein.

Aus dem Verhältnis zur Umwelt ergibt sich die zweite Gruppe der mittleren Sinne mit dem geöffneten Geruchsorgan, dem auf das Lebendige der Nahrung hinorientierten

Geschmackssinn, dem sich ausbreitenden Sehen und dem das Äußere innerlich abspürenden Wärmesinn.

Die dritte Gruppe der oberen Sinne strebt über das Gehör vor allem zum anderen Menschen: zu seinem lebendigen Sprechen, seiner bewußten Gedankentätigkeit und zu seinem einmaligen Ich.

Die Sinne entfalten sich so jeweils vierfach in drei Wahrnehmungsräumen:

Erstens im *Raum unseres Körpers,* den jedes Individuum für sich und getrennt vom anderen zur Verfügung hat.

Zweitens leben wir im *Raum unserer natürlichen Umwelt,* der ein einziger ist, nämlich die Erde, für die wir eine gemeinsame Verantwortung tragen.

Drittens gibt es noch eine Mannigfaltigkeit sich ergänzender *sozialer Räume,* in denen wir uns mit anderen Menschen austauschen.

Mit dem Leib hat das jetzige Leben angefangen. Er weist auf unsere Herkunft hin. Die unteren Sinne klären uns über die leiblichen Abläufe auf.

Die Umwelt zeigt, was wir als heutige Erde und als verkörperte Seelen miteinander zu berücksichtigen haben. Unsere mittleren Sinne nehmen dies wahr.

Im Sozialen gibt sich das geistig Neue kund, welches uns andere Menschen über die oberen Sinne zuleiten.

Der Mensch selbst wiederum wird von vier Welten durchdrungen: der physischen oder mineralischen, der organischen oder ätherischen, der seelischen oder astralischen und der geistigen, die jene des Ich ist. Jede von ihnen zeigt Auswirkungen aus der Vergangenheit, besteht in der Gegenwart und reicht mit uns selbst in die Zukunft. Die Verflechtung all dieser Gebiete bestimmt die Zwölfheit der Sinne. Sie lassen erkennen, welche Impulse an unserer gesamten Entwicklung mitschaffen. In jeder Sinnesgruppe läßt sich ein Anstieg aus physischer Bindung zu einer Belebung, einer inneren Bewegtheit und einer höheren Konzentriertheit entdecken. Das bezieht sich sowohl auf unsere abgeschlossene Leiblichkeit, die noch sehr wechselhafte eigene Seele und eine ganz offene Geistigkeit.

Über den Tastsinn, den Lebenssinn, den Bewegungssinn und den Gleichgewichtssinn empfinden wir uns als Einheit mit dem aus der Vergangenheit stammenden *Leib*: in seinen stofflichen, lebendigen, sich bewegenden und sich aufrichtenden Eigenschaften.

Durch Geruch, Geschmack, Sehsinn und Wärmesinn verkehrt unsere *Seele* mit der gegenwärtigen Natur: den zu riechenden Substanzen, der uns stärkenden Nahrung, den sichtbaren Gestaltungen und den Wärmequalitäten, welche die anderen Elemente des Festen, des Flüssigen und der Luft durchwirken.

Vom Gehör aus und mit dem Sprachsinn, dem Gedankensinn sowie dem Ichsinn wird die Zukunft unseres *Geistes* geweckt: über Töne, Worte, Vorstellungen und direkte menschliche Zuwendung.

Die Sinne begleiten uns durch Raum und Zeit. Unser Ich empfängt daraus viele Eindrücke und wirkt auf die Welt zurück. Durch Wahrnehmen und Erkennen gelangt es zu den ihm gemäßen Taten.

Beziehungen zwischen den zwölf Sinnen

Zwischen all unseren Sinnen sind Verbindungen vorhanden. Keiner steht völlig isoliert für sich da. Es gibt Ergänzungen, Überlagerungen und auch Intensivierungen von Wahrnehmungen. Kommen mehrere Erfahrungen zusammen, wächst die Urteilsmöglichkeit und die Erkenntnissicherheit für uns. Das Unterscheiden wird gefördert, vielmals erst angeregt, es lassen sich viele neue Beziehungen finden.

Unsere Seele ist ein Wandelwesen, das sich zwischen den zwölf Sinnen bewegt und mit ihnen den Leib, die Natur und die Menschheit erlebt. Nirgendwo läßt sich die Seele fixieren. Ihr Sitz kann überall sein, nur nicht an einem einzigen Ort. Deshalb muß jedes bloß zerlegende Vorgehen auf der Suche nach ihr scheitern. Dieses entdeckt die Seele nicht, da sie sich zum Beispiel zugleich in einem Arm – mehr fühlend – und im Kopf – mehr denkend – erfahren läßt. (Aus solch einem Zusammenhang wird uns das Astralische einsichtig. Es reicht über Raum und Zeit hinaus. In beiden betätigt es sich.)

Der äußere Raum ist für uns vorgegeben, ähnlich wie der physische Leib. Die Zeit erlaubt uns jedoch ein Verändern der Welt. Dadurch beeinflussen wir das, was andere Seelen erleben. Meistens sind wir uns dessen zu wenig bewußt, und eben darin liegt eine Quelle vieler Konflikte.

Wollen wir irgend etwas in der Welt vollbringen, sind uns die drei Sinnesgruppen unverzichtbar. Die untere Gruppe belehrt uns über die Verfassung des eigenen Körpers. Die mittlere hilft uns, das Verhältnis zur natürlichen Umgebung einzuschätzen. Die obere ermöglicht uns den Dialog mit fremden Menschen.

Durch die Sinne werden uns die Qualitäten des Leibes, der Erde und des Sozialen vermittelt. Über diese Bereiche können wir nichts aussagen, ohne unser Wahrnehmen zu befragen. Dabei sollten wir uns stets auf mehrere Sinne stützen. Beispielsweise würde die Welt dem Sehen allein nur als Panorama von Farben erscheinen. Daß wir verschiedene Gestalten erkennen, verlangt die Beteiligung des Bewegungssinnes. Mit ihm entwickelt sich ein Bewußtsein der Formen, denen sich das Auge zuwendet.

Durch den Bewegungssinn gehen wir tiefer in uns hinein, und dadurch wiederum verstehen wir das Wesen eines äußeren Objekts viel besser. Mit jenen Regionen sind wir beschäftigt, die den gestaltenden Kräften in der Welt entsprechen. Uns selbst vergleichen wir gewissermaßen mit den Wirksamkeiten in der Umgebung. Gegenüber deren Veränderungen werden wir so viel wacher. Das ist unverzichtbar, wenn wir erforschen wollen, was um uns geschieht.

Von Blinden ist bekannt, daß andere Sinne die Fähigkeit des Sehens teilweise übernehmen. Der nicht beanspruchte Prozeß bestärkt einen anderen. Das Tasten kann bei ihnen plastischer sein und das Hören intensiver. In der Tat ist auch bei unserem normalen Sehen stets etwas Tastendes dabei. Ein Betrachten der Natur hängt stets mit einem Abspüren von ihr zusammen. Der Gleichgewichtssinn oder Richtungssinn kann ebenfalls daran beteiligt sein. Auf uns Interessierendes schauen wir meist ganz gezielt; vieles aber übersehen wir zunächst, weil wir noch nie davon erfuhren. Allerdings kann es auch Fälle geben, wo die triebhafte Richtkraft in den Augen so stark wird, daß die Aufdringlichkeit des Blickes peinlich oder unhöflich zu nennen wäre. Solche Fälle machen deutlich, daß der mittleren Sinnesgruppe nicht bloß ein Empfangen, sondern auch ein Hinauswirken möglich ist. Diese rhythmischen Vorgänge haben durchaus körperliche Grundlagen: die Nase, den Mund, die Augen und den Wärmeorganismus. Hier strömt stets auch etwas von uns aus. Man denke etwa an Probleme mit dem Körpergeruch oder an den sogenannten sprechenden Blick, der innere Regungen verrät.

Gerade die mittleren Sinne haben auch eine wichtige Vorpostenfunktion für andere Wahrnehmungen. Dies zeigt sich besonders deutlich beim Geschmack. Er kann verhindern, daß wir uns einverleiben, was das Wohlgefühl mindert. Leider bedeutet »guter Geschmack« heute bei der Nahrung nicht immer, daß sie unserem Körper wirklich bekommt. Auch der Geruch oder die Wärmewahrnehmung können uns vor vielem warnen, was uns belastet, wenn wir damit näher in Verbindung kommen – Vergiftungen oder Ansteckungen lassen sich so vermeiden. Und falls wir die Augen nicht offen halten, wird manche Bewegung sehr schmerzlich durch ein Hindernis unterbrochen.

Auch die unteren Sinne tragen viel bei zu unserer Sicherheit im Leben. So verleiht uns der Tastsinn Vertrauen in die Beständigkeit unseres Daseins. Ist es auch physisch ganz dunkel um uns, finden wir trotzdem tastend weiter. Wir müssen nur fühlen, daß fester Boden vor uns liegt. Der Gleichgewichtssinn verschafft uns trotz laufender Umbrüche in der Welt einen Halt in uns selbst.

Der Lebenssinn läßt sich auch als umgewendetes Tasten beschreiben. Die Abgrenzungen heben sich nach innen auf. Es gibt beim Wahrnehmen keine lokalisierbaren Einzel-

punkte mehr wie auf der Haut. Alles verschmilzt zur organischen Gesamtwahrnehmung. Im Liegen, besonders vor
dem Einschlafen, lassen sich mit dem Lebenssinn zusammenhängende Empfindungen des Gelöstseins deutlicher
bemerken, weil das äußere Tasten entlastet ist und Bewegung sowie Gleichgewicht ruhen. Allerdings spüren wir so
auch viel stärker, wenn ein körperliches Organ geschädigt
ist und schmerzt. Wir sind dann viel mehr nach innen ausgerichtet und bewegt.

Bei den oberen Sinnen richten wir uns umgekehrt an dem
aus, was ganz unabhängig von unserem Leib entsteht.
Durch den Sprachsinn und den Gedankensinn gelangen wir
sogar in das hinein, was in einer anderen Seele lebt. Wir
können nach Übereinstimmungen damit suchen, dürfen
jedoch die Anerkennung des anderen Ich nicht versäumen,
welches sich frei zu entwickeln hat.

Durch die Sinne für die Sprache und die Gedanken vollziehen wir mit, was fremde Menschen erfahren haben.
Deren Erlebnisse werden durch die oberen Sinne für uns
zugänglich. Dies erweitert unseren geistigen Horizont. Die
eigene Seele bereichert sich über die zuvor unbekannten
Wahrnehmungen. Was von den Mitmenschen an uns herantritt, sind jeweils besondere Eindrücke, und diese verweben
sich mit der eigenen Seele. Wir können dadurch weiter oder
tiefer blicken, als wenn wir nur für uns allein bleiben.

Mit den oberen Sinnen vollzieht sich also eine fortgesetzte Ausweitung und Vertiefung unserer selbst. Die Sprache
bietet viele Möglichkeiten, die unterschiedlichsten Ansichten zum Ausdruck zu bringen und uns dennoch einander
anzunähern. Geistige Verständigung und seelische Differenzierung walten hier nebeneinander. Durch das verschieden-
artige Sprechen und die Ichwesenheit erhält alles eine
besondere Prägung.

Das eigene Denken entzündet sich an sämtlichen Sinnes-
bereichen, sei es an Ausführungen eines Menschen, an der
Wahrnehmung von Naturprozessen oder an einer bestimmten Leibeserfahrung. Auch kann unser Gedankenleben umfassendere Möglichkeiten gewinnen, indem es sich von

sichtbaren Erfahrungen zu bildhafter Anschaulichkeit anregen läßt oder tastend voranschreitet und so in der Begriffsbildung beweglich bleibt. Es ist dann ganzheitlicher orientiert, das heißt bestrebt, mehrere Ebenen einzubeziehen.

Mit dem Tastsinn erwerben wir zunächst ein Gefühl für die Gesamtgestalt unseres Leibes. Dieses Gefühl hilft uns aber auch, die Gestalt eines anderen Menschen besser wahrnehmen zu können. Seine Gestalt wiederum verweist uns als ganze auf sein Ich. Diesem werden wir um so mehr gerecht, je herzlicher oder wärmer unsere seelische Zuneigung zu ihm wird. Während aus der geschützten Welt des Tastens die Bejahung unseres Einzelseins hervorsteigt, gelangen wir mit dem Ichsinn zur Bejahung des fremden menschlichen Seins. Dazwischen haben wir insbesondere mit dem Wärmesinn einen mittleren Zustand. Hier wird ein Ausgleich zwischen dem eigenen Erleben und unserer Umgebung vorbereitet. Albert Mees schreibt darüber in seinem Buch *Die Einheit unserer Sinnenwelt* folgendes: »Geht das Tastempfinden auf Entgegensetzung aus, so geht das Temperaturempfinden auf Gleichsetzung, auf harmonische Einheit.« Das Ichempfinden schließlich ermöglicht ein Hineinversetzen in den anderen Menschen.

Im Tastsinn haben wir die Geschlossenheit des Leibes vor uns. Der Wärmesinn regt eine Harmonisierung zwischen uns und der äußeren Welt an, welche sich auf seelischer Ebene fortsetzen kann. Das fördert die Entdeckung jener inkarnierten, individuellen Geistigkeit, welche sich über den Ichsinn offenbart.

Eine Unterscheidung wäre noch zu treffen zwischen den Sinnen, die sich ganz bestimmten physischen Organen zuordnen lassen, und jenen, die nicht fest an ein Organ gebunden sind. Bei den mittleren Sinnen sind das Riechen, das Schmecken und das Sehen genau lokalisiert, während beim Wärmewahrnehmen der ganze Organismus beteiligt ist. Für den Bereich der unteren Sinne gilt dies in ähnlicher Weise beim Tastsinn; im Unterschied zu ihm kennt die Wärme jedoch keine Geschlossenheit nach außen, da sie alles durchdringt. Unser Lebenssinn steht in engem Zusammenhang mit allen inneren Organen. Der Bewegungssinn steigt aus der Aktivität der Glieder hervor, speziell durch deren Verbindung mit den Muskeln und Gelenken. Der Gleichgewichtssinn bezieht das, was wir durch Auge oder Ohr als die drei Raumesrichtungen erfahren, auf die Lage und Orientierung des Kopfes und des ganzen Körpers. Sprachsinn, Gedankensinn und Ichsinn schließlich reichen über den Leib hinaus.

Durch die unmittelbare leibliche Überschneidung von Gleichgewichtssinn und Gehör ist eine Wechselbeziehung von unteren und oberen Sinnen gegeben. Im Organ des Gehörs haben wir hinter dem Trommelfell etwas Eintretendes (Steigbügel im Mittelohr) und etwas Einrollendes (Schnecke im Innenrohr); beides ist bis in die physische Gestaltung hinein erkennbar. Für das darüberliegende Gleichgewichtsorgan mit seinen Bogenformen sind die Elemente des Umwendens und Aufrichtens charakteristisch. Seine physische Gestalt hat einen engen Bezug zu unserem Liegen, Drehen, Sitzen und Stehen, während jene des Gehörsorgans auf eindringende und abklingende Lautvorgänge verweist.

Es besteht auch eine Beziehung zwischen Bewegungssinn und Sprachsinn. Doch hier ist das gegenseitige Verhältnis lockerer. Beim Sprachwahrnehmen verbinden wir uns mit dem, was als lautliche oder gestische Äußerung vom Mitmenschen herankommt. Wir bewegen uns gewissermaßen mit seinen Worten und Gesten (oder der Taube mit seinen Lippen), um sie allmählich zu verstehen. Dadurch leben wir uns auch so in die Gedankentätigkeit des anderen ein, wie wir mit dem Lebenssinn unseren eigenen Körper erfassen. Ferner stoßen wir auf ein von uns getrenntes Ich; dieser Prozeß ist vergleichbar mit dem, wie wir die eigene leibliche Abgrenzung mit dem Tastsinn spüren.

Die mittleren Sinne können als Atmungssinne bezeichnet werden, weil sie zwischen Außenwahrnehmung und Innenwahrnehmung pendeln. Die Fortsetzung des Wahrnehmens nach innen ergibt sich mit den unteren Sinnen, durch die wir am eigenen Organismus teilnehmen. Die Fortsetzung des Wahrnehmens nach außen überschreitet die Leibesgrenzen. Mit den oberen Sinnen gelangen wir in jenes Gebiet hinein, das die Menschen zusammenbringt.

Wir können hier von einer sozialen Welt sprechen. Sie ist nicht vollendet. Zu ihr gehören Seelenäußerungen, Erkenntnisbildungen und Ichimpulse. Wir sind da ineinander verwoben. Je gemäßigter, zurückhaltender und besonnener unser Verhältnis zum eigenen Körper wird, desto freier können wir uns in diese soziale Sphäre hineinbegeben.

Bei unserem Leib ist alles physisch-sichtbarer Natur. Das Soziale hat seine Ausgangsorte im Unsichtbaren. Sinnlich nehmen wir niemals den Ursprung der Vorgänge wahr, sondern nur ihre Auswirkungen. Im direkten Begegnen zweier Individuen fließt Sichtbares und Unsichtbares oft zusammen, vor allem wenn sie direkten Augenkontakt haben. Treffen sich unsere Blicke, kann sich etwas vom Inneren des anderen enthüllen, meist aber nur für Momente.

Fassen wir zusammen: Die unteren Sinne machen unser eigenes Befinden offenbar. Die oberen Sinne erlauben ein Finden des anderen Menschen. Die mittleren Sinne gestatten, daß wir uns sowohl an die Welt wenden als auch uns selbst in der Stellung zu ihr beurteilen. Manchen Wahrnehmungen halten wir nicht so leicht stand. Wir spüren daran, wie viel wir noch zu lernen haben – und es auch können.

Die uns zur Verfügung stehende Bildsamkeit des Inneren verdeutlichen die unteren Sinne. Unsere Bilder vom Wesen der Mitmenschen lassen sich durch die Wahrnehmungen der oberen Sinne korrigieren. Bei den mittleren Sinnen begegnen sich innere Bildsamkeit und von außen aufgenommenes Bild. Zum Beispiel können wir das Sehen lenken und zugleich bemerken, wie wir gesehen werden.

Was von außen an uns herantritt, hat seinen Ursprung bei anderen Wesen. Uns davon abzuwenden, nützt gar nichts. Wir sind dann eher hilfloser, wenn wir nicht unseren Körper bewußt einsetzen, um die verschiedensten sozialen Situationen kennenzulernen und so ein umfassenderes Urteil zu gewinnen.

Mit dem Leib sind wir der Umwelt durchaus nicht ausgeliefert. Es liegt an uns, wohin wir schreiten und wovon wir uns belehren lassen. Das wiederum hat einen Einfluß auf alles, was wir vollbringen.

Die Verschiedenartigkeit von Auge und Ohr

Das Auge ist schlechthin der Sinn für die materielle Welt. Mit ihm werden wir in sie hinausgeführt. Nicht unsichtbare Atome oder unbekannte Kräfte zeigen sich uns, sondern das, was sich sinnlich vor uns ausbreitet. Die verschiedenen Bereiche des Sehfeldes bedingen sich dabei gegenseitig. Dies geht aus Experimenten über Streckenschätzungen hervor. Je nachdem, wie beengt oder ausgeweitet die Umgebung ist, schätzen wir eine bestimmte Strecke länger oder kürzer ein. Auch die Lichtverhältnisse und die Formen der angrenzenden Gegenstände oder Gebiete spielen dabei eine wichtige Rolle.

Wenn wir uns beim Blicken in die Welt nicht auf einen besonderen Ort oder Vorgang konzentrieren, ist unser Schauen eher träumerisch. Vieles erfassen wir erst, wenn wir darauf angesprochen werden oder etwas Bestimmtes suchen. Es kann auch sein, daß ein greller Reiz unser Empfinden trifft und fesselt. Dann übersehen wir manches andere, das sich nicht so sehr aufdrängt.

Unser Blick kann auch von einem unbezähmbaren inneren Trieb gelenkt sein. Attraktive Mitmenschen bekommen dies häufig zu spüren und wissen, wie belästigend es ist. Wenn wir uns hier nicht bezwingen und eine gewisse Bescheidenheit ins Sehen einbringen, kann sich eine negative Sensationsgier ergeben. Durch sie werden Niedrigkeiten (vor allem sexueller Art) unterstellt, um sich daran leidenschaftlich zu ergötzen.

Sinn und Trieb werden häufig miteinander identifiziert; daran ist das Auge wesentlich beteiligt. Durch niedrige Erwartungen werden Dinge in die Welt gesetzt, die Aufregung verursachen – mit nachfolgender Bedrückung, wenn wir auf sensationelle Versprechungen hereingefallen sind, die uns nicht wirklich weiterhelfen, sondern noch unzufriedener machen.

Weil unsere Zivilisation so sehr auf das Sichtbare fixiert ist, spielt auch das Schriftliche eine wichtige Rolle. Die riesige Ausdehnung des Gedruckten bringt aber eine wachsende Belastung für unsere Augen mit sich. Dies wird belegt durch die große Zahl jener Menschen, die eine Brille benötigen. Die Verkehrseinrichtungen, insbesondere das Auto, tragen ebenfalls zur Überlastung der Augen bei, denn mit ihnen jagen wir einerseits immer schneller an der Welt vorbei, während andererseits wegen möglicher Hindernisse ein äußerst genaues Hinschauen verlangt wird.

Der Körper wird heute immer mehr gefordert. Doch die Wahrnehmungen dringen viel zu wenig bis zur Seele vor. Es ist eine wachsende Oberflächlichkeit festzustellen. Die Folge ist eine geistige Abwesenheit im Sehen, welche den Blick starrer werden läßt. Er wirkt dann verloren.

Im Grunde genommen sind unsere Augen wie zwei Arme, durch welche die Seele der Welt begegnet. An den äußeren Objekten finden sie zusammen und lernen diese so kennen. Bei genügender Aufmerksamkeit zeigt sich, daß zwischen den beiden Augen ganz ähnliche Abweichungen bestehen wie zwischen rechter und linker Hand. Einmal überwiegt der Formpol (mehr im rechten Auge), der die äußeren Strukturen wahrnimmt. Dann ist es der Qualitätspol (mehr im linken Auge), der die Intensitäten der Farben spürt. Man könnte beim Sehen auch von einem seelischen Greifen und Lösen sprechen. Dieser Wechsel erlaubt zugleich Genauigkeit und Behutsamkeit im Sehen. Etwas Dialogisches gelangt in unseren Blick hinein. Wir schauen auf etwas hin und nehmen Erlebnisse entgegen.

Das alles spielt sich im Raum des Lichtes ab. Ohne dieses könnten wir keine Formen und Farben erblicken. Es ist die Voraussetzung der sinnlichen Wahrnehmung. Das bemerken wir in der Dämmerung, wo die Farben dahinschwinden und schließlich auch alle Konturen verschwimmen. Der Raum entschwindet in die Dunkelheit. Das Auge steht und fällt mit dem Licht.

Beim Ohr ist das anders. Es bemerkt vieles auch, wenn das Auge nichts mehr erkennen kann. Wir kommen mit ihm über eine Schwelle hinweg und erfahren etwas von dem Inneren des Sichtbaren. Dieses gibt sich durch Töne kund, welche auch dem Blinden helfen, sich zu orientieren.

Es gibt beim Hören aber durchaus auch Bezüge zum Lichtbereich; das zeigt sich schon dadurch, daß wir von hellen und dunklen Tönen sprechen. Diese Unterscheidung kann zugleich verdeutlichen, wie am Hören unser gesamter Körper Anteil hat, nicht bloß unser Kopf wie beim Sehen. Die helleren Töne bleiben zwar mehr im Kopfbereich, dumpfere Töne gelangen jedoch bis zum Unterleib. Ertönt zum Beispiel ein kräftiger Gong, empfinden wir deutlich, daß etwas im ganzen Leib vibriert. Durch starke Baßtöne, insbesondere bei elektronischer Verstärkung, kann dies bis zu Magenbeschwerden reichen. Wir verkehren so bis ins Innerste hinein mit dem, was äußerlich geschieht.

Der ganze Mensch kann Ohr sein, auch für das, was im Raum hinter uns geschieht. Das Gehör ist nach allen Seiten offen. Manches kann sogar durch Wände oder über eine weite Distanz zu uns dringen, etwa ein Motorengeräusch oder elektronisch verstärkte Kundgebungen.

Das Licht fällt auf die Dinge. Wir erblicken letztere, nicht das immaterielle Licht. Den Ton nehmen wir wahr, wie er von den Dingen oder von anderen Wesen kommt. Er nähert sich uns, während wir uns mit dem Sehen für die Welt öffnen müssen.

Das Sehen endet bei der Welt. Unser Blick fällt auf sie. Das Gehör mündet in uns ein. Der Ton füllt uns aus.

Mit dem Licht können wir uns der Welt zuwenden. Es trägt unseren Blick zu ihr hin. Der Ton bewegt sich auf uns zu. Er legt vieles frei, was sich dem Auge verbirgt. Der Blick muß anhalten; das Ohr kann Tieferes aus dem sonst verborgenen Inneren der Welt vernehmen.

Wo das Auge nur vermuten kann, da erhält das Hören tiefere Antworten. Die Geheimnisse des Äußeren öffnen sich für unsere Ohren; zum Beispiel läßt sich erfahren, was ein uns gegenüberstehender Mensch an Überlegungen gerade in sich trägt. Umgekehrt fordert uns das Sehen mehr zum Fragen auf. Letzteres bedarf der Distanz.

Beim Sehen haben wir überwiegend Statisches vor uns. Das Gleichbleibende überwiegt in den Wahrnehmungen. Wir blicken auf feste Punkte, um daran Veränderungen abzulesen. Deshalb sind wir auch so verwirrt, wenn wir in einem Zug sitzen und ein benachbarter Zug anfährt. Dann meinen wir zunächst, derjenige Zug würde sich in Bewegung setzen, in dem wir uns befinden. In der dynamischen Welt des Hörens dominiert das Sich-Verändernde. Die akustischen Eindrücke verschwinden sogleich wieder.

Die gewordene Welt wäre ohne das Licht für uns nicht einsichtig. Beim Ton klingt etwas nur vorübergehend auf. Er deutet an, woher die Welt kommt und wohin sie geht.

Das Auge hat um sich, was entstanden ist. Dem Ohr gibt sich kund, was sich erst im Werden befindet. Als Neues läßt es sich noch nicht sehen, aber erlauschen. Der Unterschied zwischen Auge und Ohr bedingt auch ein ganz bestimmtes Verhalten. Über die Gebilde, die wir sehen, können wir vielerlei Feststellungen treffen, die mit den gegenseitigen räumlichen Verhältnissen zu tun haben. Diese lassen differenzierte Beobachtungen zu. Beim Hören dagegen löst ein Eindruck den anderen ab. Wenn wir etwas überhören, fehlt es uns, falls wir nicht nachfragen. Dann sind wir viel hilfloser als beim Sehen, wo wir wieder einen Blick zurückwerfen können auf das, was wir nicht richtig wahrgenommen haben.

Das Sichtbare hält sich in der Welt. Es gründet in ihr. Das Gehörte ist darauf angewiesen, mit uns weiterzuleben – oder es verschwindet. Eine Passivität wie gegenüber dem Sichtbaren dürfen wir uns deshalb nicht leisten. Der Ton und das Wort verklingen; wenn sie bestehen, dann einzig durch uns.

Die Erscheinungen der Welt bauen sich vor unseren Augen auf. Was tiefer in ihr wohnt, läßt sich über das Gehör erfahren. Mit seiner Hilfe können wir die Gebilde überschreiten, um deren Ursprüngen und Zielen zu folgen.

Unser Auge ist ein wäßriges Organ, in dem sich das

Sehen ausbildet. Es wirken Prozesse herein, die den Luftraum durchlaufen. Sie werden ausgelöst von Gegenständen, von denen wir räumlich getrennt sind. Wenn wir etwas aufs Auge drücken, sehen wir nichts mehr.

Beim Gehör gibt es keine solchen Fronten. Wir haben ein Luftorgan vor uns, das auch der Wärme gegenüber sehr empfindlich ist. Hier wird der Abstand zum Wahrgenommenen aufgehoben. Die Hörprozesse lassen uns am Ton und an der Sprache direkt teilnehmen. Wir vereinigen uns damit. Das drückt sich auch in einer Redeweise aus: Ich bin ganz Ohr.

Luft und Licht befinden sich zwischen uns und der Welt. Wärme und Ton durchdringen das Äußere und das Innere. Bei völliger Kälte wäre alles starr und stumm. Die Wärme bildet die Grundlage für das Hören.

Während das Sehen mit einem Spiegelphänomen zwischen dem Wäßrigen und der Luft – Auge und Umgebung – zusammenhängt, erlebt das Hören ein Hineinarbeiten in die Luft, was in Verbindung mit der Wärme geschieht.

Unser Hören kann zum Lauschen werden. Dann gelangen innere Qualitäten (Herzensqualitäten) zur Wahrnehmung, die nach der seelischen Wärme oder Kälte zu beurteilen sind. Es gibt auch eine entsprechend intensivierte Form des Sehens. Diese steigert sich zum geistigen Schauen. Was wir uns sonst gedanklich erschließen müssen, rückt hier an die Wahrnehmbarkeit heran.

Dem Schauenden wird die Erscheinungswelt transparent. Er bemerkt die darin wirkenden Bildekräfte (Ätherkräfte). Beim Lauschen andererseits kann unsere Aufmerksamkeit für Seelenvorgänge zunehmen, denn über das Gehör fängt der Einblick in innere Veränderungen und Entwicklungen an, wie sie sich in der menschlichen Seele ereignen.

Der gegenwärtige Zustand des Irdischen bietet sich den Augen an. Teilweise wird auch anschaubar, was momentan in einer Seele vorgeht – wenn wir nämlich das Gesicht eines Menschen studieren und seinem Blick begegnen. Womit er sich jedoch geistig beschäftigt, müssen wir aus seinem Sprechen und seinen Gedankenäußerungen entnehmen.

Die augen-blickliche Welt können wir ersehen. Wohin die weitere Entwicklung zielt, dafür bleiben die physischen Augen blind. Wir erfahren dies aus den Äußerungen der anderen Menschen; sie wahrzunehmen ge-hört als Fähigkeit zum Ohr und bedarf einer Weiterführung in den Sprachsinn sowie den Gedankensinn hinein.

Im Sehen wohnt eine sehr gebundene Aktivität. Wir können die Augen umherwandern lassen und auch auf Blicke von uns gegenüberstehenden Menschen reagieren. Das Gehörte dagegen kehrt erst über einen Umweg durch unsere Sprache wieder, wobei wir eigene Ansichten und Folgerungen hinzufügen.

Das Auge hat einen leiblichen Schutz. Wir können es fast wie einen Apparat abstellen. Für den Schlaf ist dies eine wichtige Voraussetzung. Die Seele kann sich dann zurückziehen. Das Ohr dagegen bleibt wie der Geist immer ansprechbar. Es benötigt einen äußeren Schutz durch Ruhe. Mangelt er uns, herrscht also Lärm vor, so sind wir bis weit in den Organismus hinein gestört. Dieses Problem läßt sich nur durch gegenseitige Rücksicht lösen. Deshalb wäre das Gehör bereits als ein sozialer Sinn zu bezeichnen. Wir haben es im Miteinander zu bewahren.

Beeinträchtigungen beim Sehen haben Einfluß auf die Seelenstimmung. Wir verlieren etwas von der Freude an der äußeren Welt. Durch Lärm wird unser Inneres noch stärker angegriffen. Er bewirkt eine Zerstörung der menschlichen Kommunikation. Da genügt es keinesfalls, sich individuell zurückzuhalten. Die Mäßigung muß ein allgemeines soziales Ziel sein.

Was die Nacht für das Auge an Erholung bringt, kann dem Ohr die bewußt aufgesuchte Stille bieten. Über sie gesunden wir geistig so sehr, wie wir uns seelisch im Schlaf stärken. Durch die Ruhe werden wir viel besonnener vor die Mitmenschen und die Natur hintreten.

Die »oberen« Sinne und der »andere« Mensch

Für unser Leben ist es entscheidend, mit welchen Menschen wir es zu tun haben. Wir erdenken sie nicht, sondern erfahren sie mit unseren oberen Sinnen. Diese haben eine Beziehung zu unserem Kopfbereich, der – verglichen mit dem übrigen Körper – am meisten fertig ist. Dadurch gelingt ein Sich-Hinwenden zu den anderen. In der modernen Psychologie wird dies »Wahrnehmung von Fremdseelischem« oder »interpersonelle Wahrnehmung« genannt.

Trotz unserer persönlichen Abgeschlossenheit erreichen wir vor allem mit Worten und Gedanken eine Verbindung zu anderen Menschen. Jede Äußerung unserer geistig-seelischen Tätigkeit wird für sie wahrnehmbar. Ein immer tieferes gegenseitiges Verstehen kann sich herausbilden.

Man entschuldigt sich heute oft, wenn man einen Mitmenschen anspricht. Wir müssen ihn um seine Wesensäußerung bitten. Die Wahrnehmungen sind hier in keiner Weise vorgegeben, anders als bei unserem Leib oder der Umwelt: Auf sozialem Gebiet ist ohne eigene Aktivität nichts vorhanden. Beim Sehen können wir nur Vermutungen über die Identität eines Menschen anstellen. Kommt es jedoch zu einem Gespräch, ist uns seine Identität relativ schnell und ziemlich eindeutig bewußt. Für den sozialen Verkehr zählt also nicht so sehr die Erscheinung, sondern unser sprachlich-gedankliches Verhältnis zueinander.

Über das Gehör gewinnen wir zunächst schon einen ersten Eindruck vom Inneren des anderen Wesens. Wir empfinden den Klang seiner Stimme als mehr oder weniger angenehm. Dies geschieht, bevor wir mit dem Sprachsinn und dem Gedankensinn die Erfahrungen des betreffenden Menschen näher kennenlernen. Je besser durchdacht seine Äußerungen sind, desto eher können wir dabei wiederum verstehen, was er meint. – Die Sprache ist ein Kleid der Gedanken. Je bewußter sie gestaltet wird, um so besser läßt sich ihr Anliegen begreifen. Sie darf nicht allzu unbeholfen und auch nicht zu weitschweifend sein. Sonst mischen sich Mißverständnisse ein, die Konflikte verursachen.

Über das Gehör ist auch ein Beobachten unseres eigenen Sprechens möglich. Wir können unsere Äußerungen einigermaßen bewußt verfolgen und daraufhin an einer Veränderung des Inneren arbeiten.

Die oberen Sinne fördern unsere Entwicklung, bereits mit jedem Gespräch. Wir empfangen Anregungen für die Verwandlung der Seele und geben solche weiter. Ein hilfreicher Geist zieht so in das Miteinander ein.

Durch die oberen Sinne gehören wir einem gemeinschaftlichen Organismus an. Wenn wir einem Konzert oder einer Theatervorstellung beiwohnen, wird ein Wahrnehmungspotential realisiert, das die Kräfte eines einzelnen Menschen übersteigt. Unser Lauschen kann zu geistigen Begegnungen führen. Die sinnliche Verbundenheit steigert sich zum Organ für höhere Welten. Daß wir innerlich mitgehen können, ist jedoch an einige Bedingungen geknüpft: Bei technischen Medien oder in einer bereits vorher niedergeschriebenen Rede waltet kein schöpferischer Geist. Wir sind nicht direkt am Entstehungsprozeß beteiligt. Als Zuhörende wären wir dann eigentlich überflüssig. Ohne uns ginge es genauso. Bei einem Konzert, einem freien Vortrag oder einem Schauspiel hingegen wirkt der Entgegennehmende auf die Qualität des Hervorbringens ein. Es kann sich ein kreativer Dialog entspannen, bei dem alles auf die Bereitschaft zum Mittun ankommt.

Der Wahrnehmende beeinflußt das Wirken des Schöpferischen. Ist genügend Aufmerksamkeit vorhanden, gelingt allen ein immer lebendigeres Empfangen. Musik und Sprache benutzen vor allem die Elemente der Luft und der Wärme, um sich auszubreiten. Diese werden künstlerisch erfüllt mit Seele und Geist. So beginnt ein neues Raumschaffen. Daran beteiligen wir uns während des künstlerischen Aktes. Wir erfahren uns als tätige Ichwesen.

Mit der Sprache schreiten wir in Zusammenhänge hinein, die sich durch unsere Kommunikation erst bilden. Was wir wahrnehmen, obliegt ganz der menschlichen Aktivität. Ohne Wahrhaftigkeit des anderen können wir uns hier auf nichts verlassen. Das Vertrauen geht verloren, denn beim

Sprechen ist nichts fertig wie beim eigenen Körper und bei der Natur. Wir selbst sind voll verantwortlich.

Die wahrnehmbare Welt der Sprache entsteht also mit uns. Beim Sprechen verrät sich erstens die augenblickliche seelische Verfassung eines Menschen. Dessen geistige Orientierung läßt sich zweitens an der gedanklichen Verknüpfung der Worte ablesen. Drittens drückt sich der Willenseinsatz seines Ich in der sittlichen Wachheit gegenüber dem Umgang miteinander aus, zum Beispiel darin, ob er eine unwahrhaftige Äußerung wieder korrigiert. (Unter Berücksichtigung der anthroposophischen Terminologie kann im Zusammenhang mit den drei genannten Abstufungen zwischen Sprache, gedanklichem Erfassen und tätigem Ich von drei Seelengliedern gesprochen werden: der Empfindungsseele, der Verstandes- und Gemütsseele sowie der bereits erwähnten Bewußtseinsseele. Das erste Glied hängt mit dem Astralleib und seiner gefühlsmäßigen Orientierung zusammen. Das zweite beruht auf unserem längerfristigen denkerischen Umgang mit dem Ätherleib. Das dritte macht offensichtlich, wieweit das Ich bis in den physischen Bereich hinein einzugreifen vermag. – Die Empfindungsseele lebt wie das Sprechen mehr im Augenblick. Die Bewußtseinsseele reicht an die Dauerhaftigkeit des Geistes heran. Dazwischen liegt die Verstandes- und Gemütsseele, welche die Gefühle mit dem Denken durchdringt und zur ichhaften Bewußtheit führt.)

Auf die Dauer ist es uns nicht dienlich, lediglich nach oft schwankenden Seelenstimmungen und gelegentlich wechselnden Gedankenrichtungen zu urteilen. Mit dem anderen Menschen gilt es sich so zu verbinden, daß das Ich die Grundlage aller Begegnung abgibt. Wort und Gedanke unterstützen uns dabei, wenn wir sie wahrhaftig und besonnen gebrauchen.

Zwar verwendet jeder die gleichen sprachlichen Elemente. Welche Bedeutung ihnen beigemessen ist, läßt sich nur an der Beziehung zum Denken und Handeln prüfen. Hinter denselben Bezeichnungen können die verschiedensten Anliegen oder Absichten verborgen sein. Das hörbare Wort darf niemals allein für sich genommen werden. Wesentlich sind die geistigen Haltungen, die sich erkennen lassen oder uns beeinflussen wollen. Was wird nicht beispielsweise an Hohem wie an Erniedrigendem mit dem Wort »Liebe« verknüpft!

Intellektuelle Abstraktionen, bei denen sich dürre Begriffe anstelle gehaltvoller Bilder zeigen, erschweren darüber hinaus oft das Verständnis. Man vergleiche etwa »Aspekte« und »Gesichtspunkte«. Beim einen müssen wir vorher schon wissen, was gemeint sein könnte. Beim anderen erlaubt die sprachliche Zusammensetzung ein lebendiges Vorstellen. Bildhafte Worte geben von sich aus ihr Geheimnis preis (Ge-sichts-punkte). Bei abstrakten Benennungen haben wir darauf zu verzichten. Da lassen uns die Begriffe im Stich. Die Seele muß entbehren, woran sie sich sonst erbaut.

Beim Übersetzen verschärfen sich diese Probleme. Jede Übertragung muß scheitern, wenn sie die mit der Sprache verwobenen Vorstellungsinhalte nicht vermittelt. Diese müssen verständlich bleiben, die Worte demgemäß ausgewählt und verknüpft werden. (Eine wortwörtliche Übersetzung ist meist unzulänglich.)

Lebendigkeit des Geistes und Gewandtheit in den Worten sind beim Übersetzen zugleich erforderlich. Demselben Gedanken gilt es eine neue Seelenform in der fremden Sprache zu verleihen.

In der Sprache verkörpert sich etwas eher Volkshaftes (deutsche, englische, russische Sprache). Im rein Gedanklichen wenden wir uns zwar etwas Menschheitlichem zu, in der Äußerung sind wir aber sehr an die Nationalsprache gebunden. Allerdings können wir auch nur über die sprachliche Kommunikation zum besscren gegenseitigen Verstehen kommen. Hier stellen sich größte Probleme und Aufgaben zum Beispiel bei jedem engen religiösen Glaubensbekenntnis und jeder extremen politischen Ideologie. Diese erheben zwar häufig universelle Ansprüche, handeln ihnen aber in der Praxis zuwider. Sie führen Worte im Munde, an die sie sich nicht halten. Doch die unterschiedlichsten Sprachen und Nationen können zu einer Verbundenheit gelangen, wenn sie durch das eigenständige Denken einen Einklang zum Ganzen suchen. Völkerverständigung fordern kann nur, wer die Gesamtmenschheit ernst nimmt.

Durch das Gedankliche können wir mit der ganzen Welt verbunden sein. Die Sprache verweist auf den besonderen Weg der Menschen und Völker. Sie zeigt, was wir noch alles entwickeln oder verwandeln müssen.

Gewiß ist heute manches gedanklich Niedergelegte ziemlich nüchtern und trocken, vor allem wenn es der bloßen Systematisierung des Wissens dienen soll. Es gibt jedoch schriftliche Ausführungen, die uns intensiver berühren können als die äußere Natur. Wir blicken in das hinein, was sich durch einen Menschen der Welt mitzuteilen vermag, und dürfen daran mitgestalten. Beim Gedankensinn mündet das Wahrnehmen ins Mittun. Selbstverständlich können sich unsere Gedanken auch an sonstige sinnliche Wahrnehmungen anschließen. Bei einer Gedankenwahrnehmung sind wir hierzu jedoch am meisten angeregt.

Die Sprache erlaubt einen Austausch mit dem anderen. Durch ein Begreifen seiner Gedanken zeigen sich jedoch erst die tieferen Gemeinsamkeiten. Wir nehmen nicht nur seinen jetzigen Zustand wahr, sondern etwas von den Fragen oder Aufgaben, mit denen er sich beschäftigt.

Über die Sprache und ein geistiges Begreifen dringen wir zur Wahrnehmung des fremden Ich vor. Dessen Besonderheit läßt sich nach und nach hinter seinen Worten und Gedanken entdecken. Daß jeder Mensch ein unverwechselbares Ich hat, können wir auch bei den allergrößten äußeren Ähnlichkeiten zweier Menschen niemals abstreiten.

Für die oberen Sinne lassen sich unter Einbeziehung der geschilderten Besonderheiten geistige Entwicklungsmöglichkeiten andeuten:

1. Durch aufmerksames Zuhören können wir unser Sprechen verändern, bis hin zu künstlerischen Qualitäten, wenn wir es aus tiefer Hingabe an Mitmenschen schöpfen. Der Kehlkopf überträgt nur die Worte. Ihrem Ertönen sollte ein geistiges Lauschen vorausgehen.

2. Das Wort führt über das Hörbare hinaus. Es kann uns geistig weitertragen, indem wir an möglichst unterschiedlichen Anschauungen unser Vorstellungsvermögen üben. Wenn etwa von einem »Tal« die Rede ist, gelangen sogleich mehr oder weniger entsprechende Bilder vor unser inneres Auge, je nachdem, wie sich jemand äußert. Beim musikalischen Klang geschieht dies auch, aber seltener.

3. Durch die Vorstellungen anderer kann unser Ich gekräftigt werden. Was wir an fremden Gedanken aufnehmen, läßt sich an unseren eigenen prüfen. In der Auseinandersetzung damit erringen wir geistige Selbständigkeit.

Über das gesprochene Wort erweitert sich unsere Seele. Neue Gedankenbilder können in sie einziehen. An ihnen hat sich der Wert des Individuums zu erproben.

Mit jedem von uns drückt sich die geistige Welt in anderer Art aus. In den Worten, Gedanken und im Ich eines Menschen nähern sich uns jene Impulse, welche die Erde verändern. Die oberen Sinne sind unsere Wahrnehmungsorgane dafür.

Die »mittleren« Sinne in ihrer Umgebung

Bei den mittleren Sinnen wirken das Innere und das Äußere besonders stark aufeinander ein. Im Geruch, im Geschmack, im Sehen und im Wärmegefühl erleben wir häufig ein Hin-und-her-Gerissensein, was zum Beispiel die Wirtschaftswerbung durch verlockende Abbildungen ausnutzt. Wir sind hier sehr beeinflußbar.

Auf Veränderungen des Geruchs oder auf neuartige fremde Düfte reagieren wir besonders empfindlich. Nach einiger Zeit haben wir uns jedoch meist an sie gewöhnt. Die Art der Reaktion hängt von unserer körperlichen Hygiene und der seelischen Erziehung ab. Manches, was wir anfangs durchaus als angenehm oder gar verlockend empfinden, erscheint schließlich als aufdringlich oder sogar aggressiv, zum Beispiel künstlich zusammengesetzte und besonders konzentrierte Düfte. Durch sie sollen häufig ganz bestimmte Leidenschaften erregt und die niedersten Kräfte in der Seele angesprochen werden. Eine solche seelische Regung kann zum Beispiel zu der Aussage führen, daß man einen Menschen »nicht riechen« könne. Dies bedeutet in keinem Fall ein differenziertes Urteil. Hier drückt sich vielmehr eine triebhafte Ablehnung aus, die den anderen wie einen Gegenstand behandelt.

Im Laufe der geistigen Entwicklung unserer selbst sind solche Reaktionen zu überwinden. Jedes einseitige Dominieren des Geruchs tritt zurück. Auch aus dem Schmecken und dem Sehen kann der triebhafte Anteil (etwa die gierige Nahrungsaufnahme oder ein aufdringlicher Blick) allmählich schwinden. So kommt der empfindlichste der mittleren Sinne, der Wärmesinn, mehr zur Geltung. Er ist dem höheren Seelenleben zugewandt. Bei Sinnesmenschen, die sehr am Äußeren hängen, verroht er. Sie sind zum Beispiel gleichgültiger gegenüber Luftzug bei geöffneten Fenstern.

Im Wahrnehmen der Wärme läßt sich der Grad unserer spirituellen Sensibilität ablesen. Indem wir aufmerksamer auf Temperaturunterschiede achten, lernen wir, die äußeren Verhältnisse besser einzuschätzen. Das ist auch für unsere Gesundheit von großer Bedeutung. Wir lassen uns nicht mehr so sehr von der Umgebung fesseln.

Was zu riechen ist, das strömt am schnellsten in uns herein. Falls wir hier nicht achtsam sind, kann es uns leicht Gewalt antun. Vom Schmecken können wir relativ unabhängig werden, wenn wir uns bewußt machen, welche Nahrung wir brauchen. Beim Sehen sind wir viel freier, wenn wir uns von echtem Interesse an der Welt und nicht von bloßer Neugierde leiten lassen. Ebenso ersparen wir uns manches Leid, wenn wir die Wärmewahrnehmung zu verbessern suchen.

Eine direkte physikalische Wärmemessung gibt es eigentlich gar nicht. Messen läßt sich nur, wie die Wärme auf verschiedene Stoffe – feste, flüssige, gasförmige – wirkt. Für den Menschen genügt dies nicht. Wir reagieren auf eine bestimmte Temperatur sehr individuell, oft schon auf die kleinsten Veränderungen in der Umgebung.

In der Hitze fließen wir sozusagen aus; dies führt zu einem Zustand der Erschöpfung. Wir werden schläfrig (besonders um die Mittagszeit in heißen Ländern). Die Kälte andererseits schneidet tief in das Bewußtsein. Etwas Zusammenziehendes greift um sich, was vor allem bei geistigen Arbeiten sehr hinderlich sein kann.

Bei den höheren Tieren kündet sich an, was beim Menschen seine volle Ausprägung erfährt: ein konstanter Wärmeorganismus. Er ist nicht durch die Umgebung festgelegt, sondern zeigt eine innere Aktivität, die wir unserem Ich verdanken. Dem entsprechen die Schwankungen in unserem Wärmeorganismus während des Tageslaufes. Die Körpertemperatur erreicht am frühen Morgen ihren tiefsten und am späten Nachmittag ihren höchsten Punkt. Das weist auf ein Hereindringen, ein Anwesendsein und wiederum ein Ablösen des Ich hin.

Eine wärmende Sonne lebt in uns. Das ist unser Ich. Auch die Nähe des anderen Menschen beeinflußt das Temperaturempfinden. In Versammlungsräumen kann daraus bei zu großer Enge etwas Bedrückendes entstehen – vor allem wenn sich noch die Körpergerüche bemerkbar machen (als Schweiß am intensivsten).

Mit dem Geruch und der Wärme erfahren wir die Situation, in der wir uns befinden, mehr allgemein. Der Blick kann sich gezielter ausrichten infolge der Beweglichkeit der Augen. Unser Geschmack hat normalerweise am meisten zu »schlucken«. Jedoch sind wir auch befähigt, seine empfänglichen Qualitäten mit anderen Wahrnehmungen zu verbinden und einen künstlerischen Sinn auszubilden (einen »guten Geschmack«).

Reizbarkeit und Verwandlung liegen im Bereich der mittleren Sinne eng beieinander. Es sind da aber oft langfristige Reifungsvorgänge nötig, wenn wir keinen Manipulationen unterworfen bleiben wollen. Diese zu durchschauen, gelingt nicht durch eine Abkehr von den Wahrnehmungen. Eine besonnenere Beziehung zu ihnen wäre erforderlich, angefangen von gemilderten Geruchsempfindungen über maßvolle Ernährungsgewohnheiten und gesunde Lichtverhältnisse bis hin zur vernünftigen Wärmeregulation durch Kleidung und Wohnung. (Letzteres ist nicht zuletzt in Hinsicht auf das Energiesparen wichtig.)

Wenn wir nicht berücksichtigen, was sich um uns herum abspielt, brauchen wir uns kaum zu wundern, daß wir immer leichter zu täuschen sind. Das fängt mit oberflächlichem Wahrnehmen an und kann in seelischen Betörungen enden. Weil unser Bewußtsein von der Welt dann zu verschwommen ist, verbreiten sich falsche Anschauungen über sie.

Die Seele erzieht sich vor allem mit den mittleren Sinnen. Wir müssen nicht allem blind nachgeben, sollten uns aber auch nicht einfach abwenden. Fortwährende Anregungen bezüglich dessen, was hilfreich oder bedrohlich ist, können wir über die Wahrnehmungen des Riechens, Schmekkens, Sehens und der Wärme erhalten.

In Hinsicht auf die Natur brauchen wir uns in keiner Weise zu beklagen. Die Erde stellt sich mit ihren Kräften mannigfaltig zur Verfügung. Was wir ihr jedoch mit der Technik entringen oder gar entgegensetzen, trägt häufig befremdliche Züge – man denke nur an die vielen Plastikartikel. Geschmack und Geruch sind hier entweder abstoßend oder gar nicht vorhanden. Die Farben bleiben künstliche Zusätze, das heißt sie hängen keineswegs mit Eigenschaften des Gegenstandes zusammen. Und was die Wärme betrifft, verursachen die künstlichen Materialien Stauungen oder Auszehrungen, was jeder weiß, der einmal Kleider aus Kunstfasern getragen hat.

Wir nehmen die Wahrnehmungen der mittleren Sinne – etwa einen Duft – über den Körper auf. Sie beeinflussen jedoch sogleich unsere seelische Stimmung. Die äußeren Bedingungen locken eine innere Reaktion hervor. Eine wechselseitige sinnlich-seelische Durchdringung ereignet sich bei diesen Wahrnehmungen. Über das Riechen, das Schmecken, das Sehen und den Wärmesinn gibt sich kund, was an uns aus der Umgebung herankommt. Wir können einen Abstand dazu suchen, wenn uns etwas nicht behagt. So entwickelt sich ein Schutz gegenüber vielem, was uns schaden könnte; darüber hinaus schärfen wir unser Urteilsvermögen gegenüber den Umweltverhältnissen.

Die sinnlichen Komponenten des Riechens, des Schmekkens, des Sehens und der Wärme sind ebenso für uns wie auch für alle anderen Menschen erfahrbar. Die Urteile darüber werden jedoch sehr verschieden sein. Dies bestätigt, daß ein Unterschied besteht zwischen der Wahrnehmung und der durch sie ausgelösten seelischen Empfindung. Das Sinnliche kann den gleichen Ausgangspunkt haben. Die gefühlsmäßigen Folgerungen sind manchmal geradezu gegensätzlich, weil daran unsere seelische Verfassung mitwirkt. So gehen in unserem Verhältnis zur Umwelt Einheit und Vielheit ineinander über. Wir sind verbunden und bleiben doch für uns. Es sollte niemals die Einseitigkeit dominieren. Die atmende Bewegung zwischen innen und außen heilt uns von allen Extremen.

Beim Geruch wird etwas in der Welt von sich aus frei und gelangt zu uns heran. Beim Schmecken wird der Eindruck erst durch die wässrige Auflösung des Stoffes erzeugt. Mit einer lebendigen Chemie haben wir es dabei zu tun, welche sich im Stoffwechselsystem fortsetzt. Das Auge erforscht den Luftraum um uns, bleibt irgendwo hängen und bewegt sich weiter. Die Wärmewahrnehmung kann sich sowohl innen wie von außen her verändern (durch ein heißes Getränk zum Beispiel oder durch klimatischen Wechsel).

Bei all dem sind die mittleren Sinne von gegenläufigen Tätigkeiten begleitet. Die Nase vollzieht ziemlich regelmäßig einen Reinigungsvorgang, welcher sich bis in den Schnupfen hineinsteigern kann. Das Geschmacksorgan besitzt eine eigene Absonderung, um die Verdauung einzuleiten. Das Sehen wird fast regelmäßig vom es auch sonst schützenden Lidschlag unterbrochen (meist etwa zehnmal je Minute) und kennt den Tränenabfluß bei besonderer Beanspruchung. Hinter der Wärmewahrnehmung wirkt eine ständig harmonisierende Kraft, durch welche sich die konstante Körpertemperatur aufrechterhält. Sind die äußeren Einflüsse von Kälte oder Hitze zu stark, reagieren wir mit Zittern oder Schwitzen. Für die Therapie ergeben sich aus solchen Vorgängen wichtige Erkenntnisse. Es zeigt sich darin vieles, was den Organismus als Überforderung oder Beeinträchtigung belastet. (Ein deutliches Zeichen ist etwa das Fieber, das aber immer bereits einen Gesundungsprozeß einleitet.)

Sympathie und Antipathie bestimmen besonders unsere Eindrücke im Bereich der mittleren Sinne. Was uns verwandt oder was uns fremd ist, zeigt sich in unserer Auswahl der Nahrung oder zum Beispiel auch in der farblichen Gestaltung unserer Wohnung. Allerdings sollten wir stets auch abwägen, wie das Gewählte auf andere wirkt, weil wir ja auch ihnen entsprechende Wahrnehmungen anbieten. Unser Urteil darf also nie bloß am eigenen Wesen orientiert sein. Die Reaktionen anderer Menschen sind ebenso wichtig.

Jedes Urteilen wird dann zu einem lebendigen Geschehen, das keine Starrheit bedeutet, sondern den laufenden Veränderungen gerecht wird. So allein entsteht der Einklang zur Welt, der immer wieder neu gesucht werden muß. Und so ergibt sich eine Urteilskunst. Was sich um uns ereignet, ist in dauerndem Wechsel begriffen. Wir können die Welt nicht festnageln. Sie bleibt uns nur im Wandel nahe.

Wir sind hier einem tiefen Geheimnis auf der Spur. Was uns von außen anspricht, damit können wir uns innerlich verbinden. Unsere Seele verkehrt mit dem Reichtum der Welt. Beider Werden ist miteinander verwoben. Wir selbst wären nicht zu denken ohne all das, was wir von der Umgebung empfangen. Aus der Natur dringt heran, was unsere Seele befruchtet. In unserem Wahrnehmen begleiten wir dieses Geschehen und wachsen zum Geist empor.

Einer nicht wahrgenommenen Welt fehlt der Partner. Einen solchen stellt unser Ich dar. Wo beide zusammentreffen, kann ein geistiges Licht erweckt werden. Wie ein Blitz leuchten solche Augenblicke mitunter auf.

Unseren Leib kennen wir zumeist sehr wenig, obwohl wir ständig mit ihm umgehen. Ohne daß wir die Einzelheiten genau verstehen, steht uns in ihm ein Helfer zur Seite, der uns die Treue hält. Mit der Gruppe der unteren Sinne erfahren wir die Befindlichkeit des Leibes in der Welt. Durch sie wird das Verhältnis unseres Leibes zu unserem Leben und Wirken verdeutlicht. Unstimmigkeiten können uns sehr zu schaffen machen. Bei zu großen Beanspruchungen reicht dies bis zur Krankheit.

Der Leib stellt eine Art Rahmen dar für Seele und Geist. Über ihn nehmen wir die Bedingungen wahr, unter denen wir tätig sein können. Jede Vernachlässigung oder Überforderung des Leibes fällt deshalb auf unser Inneres zurück. Gegen den Leib zu rebellieren, wäre selbstzerstörerisch. Wir würden dann alle Möglichkeiten des Handelns verlieren. Über eben diese Möglichkeiten klären uns die unteren Sinne auf. Der Lebenssinn zeigt die allgemeine Leistungsbereitschaft des Organismus an. Mit dem Bewegungssinn erfahren wir unsere Leistungsfähigkeit bei einzelnen Tätigkeiten. Mit dem Gleichgewichtssinn spüren wir unsere Stellung in der Welt und mit dem Tastsinn die Grenzen zu ihr.

Unser Lebenssinn nimmt den ruhigen Organismus wahr. Wir empfinden dessen Bedürfnisse. Der Bewegungssinn erfährt die Beziehungen der Körperteile zueinander. Der Tastsinn wirkt an der Körperoberfläche. Durch ihn stoßen wir gewissermaßen an die Außenwelt. Der Gleichgewichtssinn dient zur Orientierung des Leibes. Er kann seine volle Funktion nur bei aufgerichtetem Leib erfüllen.

Der Lebenssinn dagegen kann sich im Liegen am deutlichsten bemerkbar machen, wenn die Bewegungen nachlassen und die Aufrechtheit wegfällt. Jeder weiß, wie schwer es ist, sich längere Zeit aufrecht zu halten. Wir müssen uns immer wieder setzen oder niederlegen. Dies zeigt auch, daß unsere Geisteskraft erst im Wachsen ist. Das Ich hat noch die größten Schwächen, deshalb brauchen wir regelmäßig den Schlaf.

Daß wir in der äußeren Welt Begrenzungen, Veränderungen, Bewegungen und Richtungen wahrnehmen, ist hauptsächlich den unteren Sinnen zu verdanken. Beim Zustandekommen dieser Wahrnehmungen wirkt vor allem das Auge mit, aber auch das Ohr, welches von sich aus mit dem Gleichgewichtsorgan verbunden ist. Der Sprachsinn orientiert sich an den Bewegungen innerhalb des Gehörten. Die Begriffswahrnehmung zielt vor allem auf das Erkennen der lebendigen Zusammenhänge im Gehörten. So haben Sprachsinn und Gedankensinn mit einer Umorientierung der Funktionen von Bewegungssinn und Lebenssinn zu tun. Die Ichwahrnehmung läßt sich im Grunde erklären als ein Ertasten des anderen Menschen.

Die Voraussetzung für ein wirkliches Gleichgewicht zwischen Mensch und Umwelt bildet letztlich das Ich. Mit ihm können wir bis in den Leib hinein die freie Menschenwürde erleben. Wo sich körperliches Gedrücktsein oder seelisches Bedrücktsein zeigt, droht immer auch eine Ich-Schwächung.

Über das Tasten – vor allem der Füße – können wir eine direkte Beziehung zur Erde herstellen. Im übrigen ist das Tasten auch für die menschliche Berührung wesentlich; wir spüren dies besonders beim Händedruck. Durch ihn kann eine Verabredung zwischen uns bestärkt werden; es vollzieht sich deren willenshafte Bekräftigung. Die Sauberkeit der Hände hat vor diesem Hintergrund nicht bloß eine leiblich-hygienische, vielmehr auch eine geistig-seelische Bedeutung. Saubere Hände bewahren uns eine bessere Sensibilität gegenüber Mensch und Welt.

Die unteren Sinne sind uns eine wichtige Hilfe beim Erkennen von stofflichen Gestaltungen. Wir begegnen mit diesen Sinnen einer lebendigen Physik und Mathematik: Die Kräfte der Schwere und unser Ringen mit ihnen werden zur unmittelbaren Erfahrung. Durch den Lebenssinn spüren wir, wie diese Kräfte mit der eigenen Trägheit und ihrer Bewältigung in Beziehung stehen. Der Bewegungssinn ist mit den Qualitäten der Geschwindigkeit – langsam, beschleunigt, schnell – verbunden, wobei diese auch den

Bereich des Lebenssinnes beeinflussen. Die Auswirkungen können bis zur Gereiztheit, aber auch zu Lähmungsgefühlen reichen.

Der Gleichgewichtssinn hängt mit den Raumesrichtungen oben-unten, vorne-hinten und links-rechts zusammen. Beim Mineral spielen diese Richtungen äußerlich keine Rolle. Wir können einen festen Gegenstand beliebig drehen, er bleibt immer derselbe. Das Oben-Unten ist jedoch bei der Pflanze von wesentlicher Bedeutung. Sie wächst zwischen der Polarität von Himmel und Erde. Die Unterscheidung von vorne-hinten tritt beim Tier hinzu. Es bewegt sich auch in dieser Richtung. Das bewußte Eingehen auf Rechts-Links-Unterschiede gelingt erst dem Menschen. Ihm erschließt sich die Verschiedenheit aller drei Dimensionen.

Ob etwas glatt oder rauh ist, können wir durch den Tastsinn feststellen, wobei wir am besten die Bewegung zu Hilfe nehmen. Ob etwas hart oder weich ist, sagt uns darüber hinaus der Lebenssinn. Er reagiert auf Druck, wie ihn beispielsweise auch unbequemes Stehen, Sitzen oder Liegen hervorruft. Unangenehme Druckempfindungen lassen sich durch die Verlagerung der Glieder meist ausgleichen.

Den Widerstand der Welt empfinden wir durch den Tastsinn ganz konkret körperlich. Unser Lebensgefühl ist dadurch manchmal sogar schmerzlich beeinträchtigt, was oft den Wunsch nach einem Sich-Losringen-Können von der Schwere entstehen läßt. Zieht etwas an uns, sind Gegenbewegungen herausgefordert, die wiederum durch den Gleichgewichtssinn kontrolliert werden (damit wir zum Beispiel nicht umfallen).

Aus den Belastungen oder Beschwernissen, die unser Leib erfährt, erkämpfen wir uns den Willen zu einem gezielten Voranstreben im Leben. Wir müssen uns der materiellen Welt nicht beugen, sondern können sie umformen lernen. Die Erfahrungen im Umgang mit der Außenwelt begleiten uns auf dem weiteren Weg und werden eine Lehre, damit wir uns nicht übernehmen – wenn sie uns auch nicht davor bewahren, daß wir uns manchmal verletzen, aber das liegt dann an unserem Übermut.

70

Die stofflichen Gegebenheiten sollen der Entfaltung unseres Wesens dienen und deshalb nicht zerstört werden. Ihnen können wir entringen, was über Raum und Zeit hinausführt. Sie stellen für uns die Basis und das Material dar, durch deren Bearbeitung wir selbst vorankommen können.

Die äußeren beziehungsweise inneren Qualitäten des Raumes sind uns durch Tastsinn und Gleichgewichtssinn zugänglich. Beim Tasten treffen wir auf Oberflächen, Kanten und Abrundungen. Durch den Gleichgewichtssinn empfinden wir uns als Mittelpunkt einer umgebenden Sphäre (die bis zum Himmelsgewölbe reicht). – Durch das Tasten können wir bis zu einem gewissen Grad mit unserer räumlichen Umgebung vertraut werden. Der Gleichgewichtssinn andererseits verdeutlicht uns, daß wir in einem weiten Kosmos verankert sind. Beide Sinne zusammen demonstrieren so die Offenheit unseres Leibes.

In bezug auf die Zeit lassen sich, wie jeder aus eigener Erfahrung weiß, eine passive und eine aktive Qualität unterscheiden. Wenn wir still verharren, scheint die Zeit nicht zu verstreichen; bei intensiver Tätigkeit hingegen nehmen wir sie kaum mehr wahr, so sehr schreiten wir voran. In beiden Fällen lockert sich das Zeitgefühl auf. Diese jedem Menschen bekannten Unterschiede ergeben sich durch den Lebenssinn und den Bewegungssinn: Während der eine den Zustand der Ruhe erfährt, geschieht die Wahrnehmung der Aktivität durch den anderen.

Wie ein Pendel waltet die Zeit zwischen Ruhe und Bewegtheit. Sie existiert im schwingenden Wechsel und ist nicht räumlich festzuhalten. Die Zeit kann zwar in materiellen Funktionen abgebildet werden, wie dies etwa bei einer Uhr geschieht. Ihre Wirklichkeit aber ist ein lebendiger (ätherischer) Fluß. Mit diesem entsteht und vergeht sie. Der jüngere Mensch erfährt einen ihm übergeordneten Prozeß, dem er sehr ferne steht. Er hat noch Zeit. Zur Lebensmitte hin beschleunigt sich vieles, um sich meist wieder ruhiger aufzulösen. Doch kann es im Verhältnis zur Zeit auch beträchtliche Differenzen geben. Mancher sieht sich sein Leben lang von ihr gejagt, dem anderen dehnt sich vor allem das Alter ins Qualvolle aus, einem dritten wird jedes Jahr gehaltvoller.

Die Freiheit gegenüber dem Raum ist durch unseren Körper gewährleistet. Die Freiheit gegenüber der Zeit hat jeder selbst zu erobern. Das ist kein physisches, sondern ein geistig-seelisches Problem. Die Ideale und Ziele, denen wir uns widmen, sind dafür ausschlaggebend. Wir sollten unser Leben weder von technischer Routine bestimmen lassen noch es mit bloßem Genießen vertreiben. Von beiden Seiten droht die Gefahr, daß wir unsere Ausgeglichenheit verlieren. Wir können dieser Gefahr begegnen, indem wir uns an einen rhythmischen Lebensstil gewöhnen. Dadurch schreiten wir kraftvoller durchs Dasein. Keineswegs sollten wir vor allem ausweichen, aber auch nicht alles einstecken. Über ein bewußteres Aufgreifen der Erfahrungen unseres Leibes läßt sich eine gewisse Unabhängigkeit gegenüber den äußeren Gegebenheiten realisieren.

Zu einer heilsamen Verbundenheit mit den ätherischen Bildekräften können uns die unteren Sinne führen. Über das Tasten entwickelt sich unser Gefühl für organische Ganzheiten in der Umgebung. Über den Lebenssinn läßt sich manche Krankheit vermeiden, indem wir Tendenzen, die uns schaden können, früh genug erkennen. Durch den Bewegungssinn können wir ein besonderes Gespür für das der jeweiligen Situation angemessene Verhalten ausbilden. Die eigene Stellung zu den Vorgängen in der Welt läßt sich mit dem Gleichgewichtssinn zusammen wahrnehmen.

Intellektuelle Menschen haben oft Schwierigkeiten, sich ungezwungen zu bewegen. Ihnen ist der eigene Körper sozusagen fremd geworden, da ihre Existenz überwiegend im Kopfe abläuft. Sie schieben den Leib meist recht mühsam voran. Dadurch wird jedoch ein inneres Unbehagen verursacht: Man gerät in Widerspruch zum eigenen Gehäuse.

Was sich als Gedankenleben in uns vollzieht, beruht auf einer Metamorphose leiblicher Kräfte. Sie können zur Umgestaltung auf höherer Ebene freigesetzt werden. Genauso können wir andererseits auch lernen, mit Hilfe unseres Denkens harmonisierend auf den Organismus zurückzuwirken. Auch hierfür sind die unteren Sinne unverzichtbar. Über sie spüren wir die Reaktionen unseres Körpers, können uns also auf ihn einstellen – ja in ein richtiges Gespräch mit ihm gelangen. Durch dieses Gespräch können wir die intellektuelle Körperentfremdung überwinden.

Wir gewinnen tiefere Einsichten in die Welt, wenn wir nicht nur theoretisieren, sondern die körperlichen Gegebenheiten beachten. Auf der Ebene des Kopfes kommt es häufig zu Mißverständnissen, weil wir zu sehr vom Leben abgetrennt sind. Sobald wir den Leib einbringen, befinden wir uns in einer ganz anderen Sphäre. In ihr zählt nicht allein, was sich von Ferne kundgibt. Wir können uns bewegen und selbständig Wahrnehmungen aufsuchen. Dann bleiben wir nicht von vermittelten Eindrücken abhängig.

Im Umgang mit den Wahrnehmungen der unteren Sinne kann sich unsere praktische Moralität bewähren. Wenn wir bemerken, daß unsere momentanen Wahrnehmungen zu einseitig sind, sei es allzu verführerisch schön oder aber ganz bedrückend, ist es möglich, unseren Körper zu aktivieren und uns an andere Orte zu begeben, um unsere Erfahrungen zu überprüfen beziehungsweise zu korrigieren.

Die unteren Sinne sind insofern als die moralischen zu bezeichnen, als sie uns das Aufsuchen neuer Wahrnehmungen gestatten, ohne welche unser Denken und Empfinden in die Irre geraten. Auch werden wir durch sie belehrt, welche Pfade sich unserem Handeln eröffnen.

Ohne Leibeswahrnehmung könnten wir keine Weltverwandlung anstreben. Wir müssen wissen, welche körperlichen Kräfte uns zur Verfügung stehen, um uns nicht zu überfordern, aber auch nicht allzu zaghaft zu sein. Sonst bleiben wir mitten in wichtigsten Taten stecken, oder aber es kommt gar nicht zu diesen. Eine sinnvolle Zeitgliederung mit Pausen und Bewegungsveränderungen ist da sehr hilfreich. Dadurch lassen sich gravierende Erschöpfungen verhindern, welche die Durchführung vieler Arbeiten hemmen.

Mit unserem Bewußtsein weilen wir in der Welt. Das Wissen über sie sitzt anfänglich nur im Kopf. Die Seele durchdringt aber auch die Leibesglieder, die äußeren Dinge und die menschlichen Zusammenhänge. Unsere Sinne können uns dieses Wirken der Seele offenbaren.

Es ist charakteristisch für unsere Wahrnehmungen, daß das physische Element, also das eigentliche Sinnesorgan, im Hintergrund bleibt, so daß das Seelische frei werden kann zu neuen Erfahrungen. Der Leib tritt sozusagen in eine Starre, wodurch das Ätherische, das Astralische und das Geistige sich lockern können.

Eine Lockerung im eigenen Lebensorganismus erlaubt die Leibeswahrnehmung. Diese dringt nur dumpf ins Bewußtsein; die entsprechenden Vorgänge spielen sich auf der Ebene des Stoffwechsels ab. Durch eine seelische Lockerung ist es uns möglich, mit der Außenwelt zu verkehren, indem wir die rhythmischen Prozesse im Organismus überschreiten. Bei den Sinnen für die geistigen Äußerungen anderer Menschen – die vor allem im Kopfbereich angesiedelt sind – tritt der körperliche Einfluß noch mehr zurück.

Im Gehirn, dem Zentrum des Nervensystems, werden die Sinneseindrücke verarbeitet. Dort bildet sich unser denkerisches Bewußtsein aus. Bezüglich der Geschehnisse in unserer Umgebung haben wir zunächst ein empfindungsmäßiges Bewußtsein. Und von dem erst beginnenden Handeln lebt in uns nur eine keimhafte Ahnung.

Vom Gehirn aus verzweigt sich das Nervensystem in den ganzen Leib; die Körperteile und Organe sind so in einen ganzheitlichen Wahrnehmungszusammenhang eingebettet. Dadurch gibt es sowohl unbewußte Wahrnehmungen wie auch halbbewußte Reaktionen. Jeder kennt die sogenannten körperlichen Reflexe. Sie sind eine direkte Reaktion vom Rückenmark aus, das eine Vermittlerstellung hat. Das Gehirn selbst reagiert relativ träge. Durch seine feste Gewordenheit überschauen wir zwar unsere gesamte Existenz, werden aber auch oft sehr zaghaft. Wir haben es schon ziemlich fertig bei der Geburt mitgebracht und müssen uns immer wieder gegen seine Trägheit behaupten.

Alle Sinneserfahrung beruht auf dem Zusammentreffen einer Aktivität von außen oder vom Leibe her und einer Aufnahme durch die Nerven. Wir bekommen zu spüren, was mit uns beziehungsweise in der Welt geschieht. Dies wirkt auf uns und läßt ein Bewußtsein von den Ereignissen entstehen. Aus dem Erleiden steigt ein Begreifen hervor, das seinerseits unser eigenes Wirken vorbereitet.

Die Passivität unserer Nerven hat also eine große Bedeutung. Wir empfangen durch sie Eindrücke, um das eigene Schaffen besser einschätzen zu können. Dabei läßt sich das Nervensystem aufgrund verschiedener Leistungen weiter differenzieren: Die körperlichen Abläufe sind uns nicht zuletzt deshalb so wenig bewußt, weil sie auf der Ebene des vegetativen oder autonomen Nervensystems ablaufen. Dieses ist an unsere inneren Organe gebunden, die wir nicht willentlich beeinflussen können. Des weiteren finden wir das sensorische und motorische Nervensystem vor; es umfaßt den eigentlich seelischen Bereich, wobei bezüglich der Empfindungen zwei Richtungen zu unterscheiden sind. Einerseits werden Eindrücke aus der äußeren Welt aufgenommen. Andererseits stehen diese Nerven im Dienste der Wahrnehmung unserer eigenen Betätigungen.

Wir empfinden also Tätigkeitsrichtungen, die einmal aus der Welt kommen (sensorisch), dann aber uns selbst betreffen (motorisch). Beides beinhaltet jeweils eine Wahrnehmungsqualität. Darauf machte Rudolf Steiner nachdrücklich aufmerksam (in seinem schon erwähnten Werk *Von Seelenrätseln*).

Im Grunde entspringt alles, was wir wahrnehmen, einem Impuls des Willens. Was den eigenen Leib angeht, ist die Wahrnehmung noch sehr schwach, hinsichtlich der Umwelt ist sie schon deutlicher, und noch klarer erfahren wir, was andere Menschen betrifft. Ihre Reaktionen sind getrennt von den unsrigen und lassen sich deshalb bewußter unterscheiden. – Deutlich sei hier betont, daß der Wille nicht mit den Nerven identisch ist, sondern den Gegenpol zu ihnen darstellt. Seine Äußerungen bilden den Gegenstand unserer Wahrnehmungen.

An Stellen, wo besonders viele Nerven vorhanden sind, ist im allgemeinen ein feineres Empfinden möglich, so beispielsweise im Auge. Durch ein Zuviel an Nervlichkeit, nämlich beim Übergang ins Gehirn, schwächt sich das Empfinden jedoch wieder ab. Das Gehirn fühlt sich selbst gar nicht (wie sich bei operativen Eingriffen zeigt). Es ist der Ort, wo sich der denkende Geist entwickelt, der die vergänglichen Wahrnehmungen in weiterdauernde Einsichten umwandelt. Was wir gedanklich verarbeiten, bleibt im Ge-dächtnis erhalten.

Durch seine Sensibilität ist das Auge den Beanspruchungen von außen besonders ausgesetzt. Es verlangt am meisten nach dem Schlaf; dabei zieht sich das Geistig-Seelische aus dem Nervensystem und dem Gehirn zurück. Die Prozesse des unteren Menschen können dann ruhig ablaufen, was die notwendige Regeneration ermöglicht.

Das nervliche Bewußtsein von den eigenen Körpervorgängen ist beim Menschen nur gering. Die inneren Organe sind für uns auch am Tage sozusagen schlafend. Der Kopf hingegen, der mit dem Gehirn schon relativ vollkommen ausgestaltet ist, erlaubt die höchste geistige Helligkeit. Mit dem lebendigen Stoffwechsel verglichen stellt er eine Todeszone dar. Für das Denken erscheint er als Gipfelpunkt.

Unser Gehirn schwächt an seinem Ort leiblich-organische Prozesse ab und hebt den Geist auf die Stufe des Selbstbewußtseins. Die Vollkommenheit des Gehirns deutet auf eine vergangene (vorgeburtliche) Entwicklung hin, welche die Voraussetzung bildet, damit wir jetzt denken können. Darauf weist schon das Wachstum des kindlichen Körpers, das vom Kopf ausgeht. Dieser ist gewissermaßen mitgebracht und zunächst im Vergleich zum übrigen Leib unverhältnismäßig groß. Rumpf und Glieder bilden sich erst später richtig aus.

Was wir als nervliche Grundlage mitbekommen haben, dagegen können wir uns nicht auflehnen. Sie ist wie eingesargt in uns. Um so wichtiger wird es, daß wir auf dieser

Unter-stützung bei allem jetzigen und künftigen Wirken bewußt aufbauen. Das Nervensystem schafft die Pfade für alles Erkennen und leitet hin zu einem vernünftigen Handeln.

Mit dem Ver-stand fangen wir auf, was der Körper von sich nicht festhalten kann. Jede Erkenntnisbildung ist gewissermaßen ein überwundener Sterbeprozeß. Indem wir denken, bewahren wir die Wahrnehmungen vor dem Tode. Äußerlich verlassen sie uns wieder, aber geistig können sie mit uns fortleben.

Das sinnliche Dunkel des Gehirns kann die größte geistige Helle hervorbringen. Wir haben eine Art »schwarze Box« in uns, deren überwiegende Geschlossenheit die beste Voraussetzung für das Bewußtmachen der durch die Nerven stufenweise vermittelten Wahrnehmungen darstellt.

Unser Gehirn ist nach außen hin völlig geschützt. Aus dieser Lage heraus ist es aber besonders offen für geistige Bewegungen. Es hält sich noch mehr zurück als alle Sinnesorgane und bleibt ganz aufnehmend. Seine Funktion beruht auf der Vermittlung der Prozesse von Wahrnehmung und Denken.

Den Sinnen bietet sich die Verschiedenheit der Welt dar. Die Nerven zielen auf jene verborgene Einheit aller Erscheinungen hin, die sich dem Denken kundgibt.

Das Gehirn steht in einem umgekehrten Verhältnis zum Leibe (wie ein Spiegel). Das linke Auge ist durch die Nerven mit der rechten Gehirnhälfte verbunden, das rechte Auge mit der linken. Diese Umkehrung setzt sich entsprechend über den ganzen Körper fort. Seine gesamte rechte Hälfte ist auf die linke Gehirnseite bezogen, die linke Körperhälfte auf die rechte Gehirnseite.

Im Körper ist geteilt, was durch unsere geistige Anstrengung wieder vereint wird. Die Zweiheit der Organe ist allerdings wichtig für unser Erkennen. Schon beim Sehen gelingt das klare Erschauen und Unterscheiden der Welt nur mit beiden Augen zusammen. Die Überbrückung zwischen beiden Gehirnhälften dient der bewußteren Beurteilung des Wahrgenommenen.

Mit dem Gehirn tritt ein geistiger Begegnungsort zu den Sinnen, der ihre Vielheit auf eine Ganzheit ausrichtet. Dadurch können wir im Denken das Universelle der Wahrnehmung finden. Es ergibt sich eine wissende Synthese.

Als einzigartiger Abdruck unseres geistigen Wesens bietet sich das Gehirn an, um die Denktätigkeit zur Entfaltung zu bringen. Unser Ich kann sich des Gehirns als Helfer bedienen, um die Erde bewußt kennenzulernen.

Letztlich ist das Gehirn für die Welterkundung da. Was die Sinne herantragen, das können wir geistig befragen. In unser Bewußtsein gelangt so, was sich zwischen uns und der Umgebung ereignet.

Das Denken stützt sich auf das Gehirn. Wenn wir Einsichten äußern, also darüber sprechen, müssen wir seelisch tiefer greifen. Mit dem übrigen Organismus zusammen können sich Worte aus uns befreien und zum Mitmenschen hindringen. Um dem anderen überhaupt zu begegnen, müssen wir den ganzen Körper bewegen und ein Stück Welt durchqueren.

Im Bau des Gehirns zeigt sich ein Teil unserer Entwicklungsgeschichte. Der hintere Bereich ist den mehr unterbewußten Vorgängen im unteren Körperteil zugewandt. Das mittlere Gehirn hat eine enge Beziehung zu den rhythmischen Leibesvorgängen, wobei dem Hormonsystem eine wichtige Vermittlerrolle zukommt. Im Vorderhirn bildet sich der Intellekt aus, dessen Vergeistigung mittels Konzentration und Meditation sich in dem sogenannten »dritten Auge« ausdrücken kann (in Stirnhöhe).

Unser Sinnes-Nervensystem durchzieht im Wachsein eine fortwährende Ermüdung und ein ständiger Abbau, was durch die rhythmischen Prozesse und den Stoffwechsel wieder aufgefangen wird. Das Bewußtsein geht gewissermaßen aus einem Sich-selbst-Verzehren des Körpers hervor. Wenn wir geistig arbeiten, greifen wir besonders intensiv in den Leib ein. Regelmäßige Unterbrechungen und eine dosierte Nahrungsaufnahme sind wichtig, um ausgleichende Kräfte zu mobilisieren.

Die Nerven und Sinne bedürfen des Schlafes, der übrige

Leib dagegen bleibt immer tätig. Durch ihn regenerieren wir uns, während wir vom Kopf aus ermüden. Wenn wir unsere Arbeit abwechslungsreicher gestalten, kann der Körper besser durchhalten. Dann ist in der Tätigkeit selbst schon ein bestimmter Ausgleich vorhanden.

Von der Wahrnehmungsseite her schleichen sich häufig gravierende Störungen in uns ein, was sich als Atembeschleunigung oder als Herzklopfen äußern kann. Diese körperlichen Rhythmusstörungen können so stark werden, daß unser Organismus nachts keine Ruhe mehr findet. Wir sollten deshalb ganz bewußt versuchen, einen geordneteren Ablauf in unser Leben hineinzutragen; dann wird der Schlaf erholsamer und auch geistig fruchtbarer. Er muß weniger der leiblichen »Gutmachung« dienen – die Begegnung mit der übersinnlichen Welt kann sich vertiefen.

Normalerweise schlafen wir sozusagen um des Kopfes willen. Der Schlaf ist nötig, damit wir durch die einseitige Belastung der Sinne und der Nerven nicht jenen Lebensharmonien entfremdet werden, in denen der untere Mensch stets darinnen ist. Lernen wir, die sture Monotonie in unserem Tageslauf zu überwinden und diesen organischer zu gliedern, können wir unserem ganzen Wesen neue Kräfte zuführen.

Daß die Welt in uns zum Bewußtsein gelangt, das erlauben uns die Nerven. Sie selbst sind ganz erstarrt, das heißt sie haben keine Wachstumsmöglichkeit mehr und müssen sich immer wieder durch Ruhe und Schlaf erholen. Bemühen wir uns außerdem, im seelischen Leben eine solche Regelmäßigkeit und Zuverlässigkeit zu veranlagen, wie dies sonst in den organischen Rhythmen der Atmung und des Kreislaufs der Fall ist, können wir die abbauenden, auch zum schnellen Altern führenden Tendenzen mildern.

Der Mensch steigert sein Bewußtsein auf Kosten des Leibes. Aufgrund des größeren geistigen Wachwerdens können wir uns aber auch wieder um einen besseren Einklang mit den organischen Abläufen bemühen. Zu einem lebendigeren Empfinden mit dem eigenen Körper gelangen wir so, das sich nicht von völlig abstrakten Vorstellungen dirigieren läßt, sich aber auch nicht undurchschaubaren Trieben unterwirft. Es entsteht eine Brücke zwischen dem Kopf und den Gliedern. Für beide Seiten sensibilisiert, nehmen wir zugleich auf uns selbst und auf die Welt mehr Rücksicht. Das wäre als Herzwahrnehmung zu bezeichnen.

Im gewöhnlichen Dasein des Menschen wechseln Schlafen und Wachen, das heißt ein Lebensstrom und ein Bewußtseinsstrom einander ab. Ein mittlerer Zustand ist zunächst nur in abgeschwächter Form da: beim Traum. Dieser lockert das Bewußtsein auf und spielt bildhaft mit unserem Leben.

Durch Geistesübung können wir erreichen, daß sich beide Ströme gegenseitig steigern. Wir lernen, unsere Lebenskräfte sinnvoller (konzentrierter) zu benutzen, und ermüden weniger infolge einer bewußteren (harmonischeren) Tagesgliederung. Dadurch verliert sich auch das Chaotische der üblichen Träume. Enthüllen diese sonst eher unsere Seelenschwächen, wird es allmählich möglich, höhere Erfahrungen mit ihnen zu machen (bis zum Empfangen spiritueller Botschaften).

Die Zurückhaltung der Nerven ermöglicht unsere Aufgeschlossenheit gegenüber der geistigen Seite der Welt. Durch die Verarbeitung der Sinneseindrücke können wir unsere Seele stärken. Das bedeutet eine Hilfe bei der Auseinandersetzung mit den in uns aufsteigenden Erregungen. Hier entsteht neue Willenskraft, und mit ihr wächst unsere Zukunft empor.

Was sich den Sinnen offenbart, ist der Glanz des Vergehenden. Aus der Verborgenheit unserer Willensregion kämpft sich das Licht einer kommenden Welt frei. Sie kann das Gewordene aufbrechen.

Die Elektrizität, von der die Nervenvorgänge impulshaft begleitet werden, ist eine Wirkung der Abbauvorgänge – des Weltensterbens. Sie darf als eine schattenhafte Begleiterscheinung, nie aber als der Inhalt des Wahrnehmens bezeichnet werden. Das Elektrische folgt auf den Sinnesreiz. Dieser geht nicht aus ihm hervor. Die Tatsache, daß die Nerven nur auf Reize gewisser Stärke ansprechen (man spricht von einer Reizschwelle), hängt damit zusammen, daß unser Bewußtsein geweckt werden muß. Das Meßbare ist nicht die Ursache der jeweiligen Eindrücke, sondern eine Reaktion darauf. Bei der Sinneskunde kommt es auf die Erforschung des Seelengeschehens an und nicht auf die Erforschung nachträglicher Reaktionen im Bereich des Materiellen. Diese erscheinen als elektrische Impulse und sind als solche meßbar. Über unsere eigentlichen Bewußtseinsvorgänge sagen solche Daten nichts aus, denn das Elektrische nehmen wir gerade nicht wahr.

Unsere willenshaften Antworten auf die Sinnesempfindungen verlaufen zwar ähnlich wie elektrische Impulse. Sie steigen jedoch aus den Stoffwechsel-Gliedmaßenprozessen hervor. Auch das können wir wahrnehmen, zum Beispiel bei der Gliederbewegung durch die motorischen Nerven. Diese reichen bis in die Muskeln hinein.

Der Wille geht nicht von den Nerven aus, sondern er wird durch sie erfahrbar – bis ins Gehirn, von wo aus eine Kontrolle unseres Verhaltens mittels des Denkens möglich ist. Wir können dadurch anders reagieren lernen. Insofern wir die Beschaffenheit unseres Leibes berücksichtigen, steht er uns zu Diensten.

Beim nächtlichen Traum haben wir es häufig mit einer Rückwirkung des Leibes zu tun. Im Zustand abgeschwächten Bewußtseins meldet sich all das, was im Wachsein nicht bereinigt werden konnte. Wir sind von der übrigen Welt abgewandt und ganz auf uns selbst orientiert.

Nicht auf die Seele an sich, sondern auf ihr Verhältnis zum Leib läßt der Traum zumeist schließen. Das Unverarbeitete, nicht das Weiterführende ergießt sich über uns. Dies bessert sich erst, wenn wir uns im Tagesleben mehr um eine denkerische Bewußtmachung des eigenen Handelns kümmern. Dann kann sich auch der Traum zum Organ für Geistiges wandeln.

Ohne das Träumen müßten wir krank werden. Wenn sich die Spannungen zwischen der Seele und dem Körper nicht mehr lösen können, sind wir so sehr gereizt, daß sich dies bis ins Leibliche hinein bemerkbar macht. Das ist zum Bei-

spiel eine nicht genügend bekannte Gefahr bewußtseins-
dämpfender Schlafmittel. Gerade die schrecklichsten inneren Bilder können für uns eine Befreiung bedeuten. Mit
solchen Traumbildern kann sich auflockern, was uns sonst
vielleicht zu übelsten Zwangshandlungen verleitet.

Anders als beim tiefen Schlaf sind wir im Traum also mit
dem Leib beschäftigt. Es werden die Spuren sichtbar, welche die oft sehr einseitige und strapaziöse Zuwendung zur
Außenwelt hinterlassen hat. Durch das Sich-Auflösen der
Bilder bereitet sich eine gereinigte Aufnahmefähigkeit für
neue Tageserlebnisse vor.

Die Leib-Bezogenheit solcher Abschnitte des Schlafes
läßt sich bis in physiologische Messungen hinein feststellen
(in dem, was man Rem-Phasen nennt; Rem steht als
Abkürzung für: rapid eye movement – auf deutsch: schnelle
Bewegungsvorgänge in den Augen). Ein rhythmisches Her-
antasten an die aufzulösenden Tagesreste ist im Gehirn-
Nervenbereich ablesbar. Beim Tiefschlaf hört dies auf; wir
sind ganz vom Körper zurückgezogen.

Im Schlaf heben sich Ich und Astralleib aus der physisch-
ätherischen Leiblichkeit heraus. Beim Traum ereignen sich
teilweise Annäherungen zwischen Astralleib und Ätherleib.
Das dabei entstehende sehr schwache und leicht formbare
Bewußtsein wird mit Bildern überschüttet, die keine Wirklichkeit verkörpern, sondern aus einer mitunter höchst kon-
fusen Durchmischung sinnlicher und geistiger Elemente
hervorgehen. Wir erfahren träumend das ungenügende Auf-
einander-Abgestimmtsein zwischen uns und der Welt.

Latent wohnen die Zustände des Traumes und des Schlafes auch tagsüber in uns. Das kann von anderen in zweierlei
Weise zur Beeinflussung mißbraucht werden: Zum einen
durch die Suggestion, wobei sich fremde Seelenmächte in
unseren Sinnesempfindungen festsetzen und wir von ihnen
zu Reaktionen verleitet werden, die wir nicht beabsichtigt
haben. Wir handeln dann wie Träumer, ganz im Sinne der
meist sehr kommerziell interessierten Mächte. – Zum anderen durch die noch gefährlichere Hypnose. Hier nehmen die
fremden Einflüsse auch das Gehirn in Besitz und schalten

unser Bewußtsein ganz aus. Wir selbst sind dann praktisch nur noch eine schlafende Hülse für deren Absichten.

Was sonst dem Traum oder dem Schlaf vorbehalten ist, vollzieht sich bei Suggestion und Hypnose mit uns im aktiven Tagesleben. Von außen herandringende Manipulationen des Empfindens und des Wollens dirigieren uns – unter Ausschaltung des klaren Denkens. Nur dessen stärkere Wachheit kann solche seelisch-geistigen Attacken verhindern. Hilfreich ist für uns deshalb alles, was das Bewußtsein erhellt und stabilisiert. Dazu sollte jede unserer Sinneswahrnehmungen beitragen. Wo hingegen eine Abschwächung auftritt, die nicht wie beim Schlaf und beim Traum dem eigenen Wesen entstammt, haben wir einen Angriff auf die innere Entwicklung vor uns. Unser Ich wird unterdrückt. Deshalb sollten wir uns vor jeder Überforderung der Sinne und der Nerven hüten. Sonst schwächt sich die Verbindung zu ihnen auch im Wachzustand, und wir werden manipulierbar.

Die Entfaltung unseres Bewußtseins vollzieht sich über die Sinne und das Nervensystem. Beide sind auf das Ich hin orientiert. Unser Leib stellt keinen Selbstzweck dar. Durch ihn ist der Rahmen abgesteckt, in dem Seele und Geist wirken können. Traum und Schlaf sind wichtige Bedingungen für ihr immer wieder neues Tätigwerden.

Vom Wachen aus erweitert sich das Bewußtsein des Ich. Dies hat Konsequenzen für unser Träumen und Schlafen. Sowohl die Bildwelt als auch die Ruhe in uns können eine Wendung zu höherem Schauen und Lauschen bewirken. Die Astralwelt und die eigentliche Geisteswelt neigen sich uns zu. Wenn wir die Augen schließen und Ruhe in uns einkehrt, können wir ein inneres Licht und die Äußerungen des Geistigen aufnehmen.

Zur Unterscheidung von Mensch und Tier

Die Sinne sind die Voraussetzung für jedes seelische Reagieren auf Eindrücke. Das beginnt bei den Tieren. Ein Lebewesen kann der Außenwelt nur dann etwas entgegensetzen, wenn es einen Astralleib besitzt. Der Pflanze fehlt dieser. Sie bleibt ganz an ihre Umgebung gebunden. Beim Menschen fügt – im Unterschied zum Tier – sein Ich noch etwas hinzu, das jedes normierte Reiz-Reaktions-Schema übersteigt. Hier muß es keine gattungshaften oder gruppenmäßigen Bindungen mehr geben. Jeder vermag die Welt individuell zu beurteilen und selbständige Handlungen auszuführen.

Durch unseren Geist können wir Physisches umgestalten. Das Tier nutzt das Vorgefundene lediglich für sich aus. Der Mensch zerlegt und schafft neue Formen; er greift verändernd in die sinnliche Welt ein.

Das Tier gliedert sich in seine Umgebung ein. Der Mensch hebt sich betrachtend davon ab. Dadurch fehlt ihm zwar die Schnelligkeit oder Spontaneität vieler Tiere. Er kann dies jedoch durch sein Denken und dessen praktische Anwendung ausgleichen. Es ist ihm möglich, all das selbständig auszuwählen und aufzusuchen, was die eigene Entwicklung fördert.

Die Tiere gehen voll in ihren Sinnen auf. Sie sind ihnen so ausgeliefert wie manche Insekten dem künstlichen Licht. Der Mensch unterliegt diesem Zwang nicht, denn er kann die Wahrnehmungen durch sein Ich aus einer gewissen Distanz prüfen. Eben dies kann aber auch dazu führen, daß Wahrnehmungen vernachlässigt werden. Im letzteren Fall erscheint der Mensch eher noch hilfloser als das instinktiv reagierende Tier, zum Beispiel in einer Notsituation, während er sonst die wunderbarsten Neuschöpfungen zu erfinden vermag.

Manche Sinne sind bei den Tieren zwar besser ausgebildet als beim Menschen, doch sind sie darin wie gebannt. Der Mensch hat häufig nicht so feine Sinneswahrnehmungen wie das Tier, aber er ist offen für geistige Kräfte. Er kann diesen allerdings ausweichen und sich selbst nur den Trieben hingeben. Oder er kann sich auch zu sehr von der Wirklichkeit ablösen – und verfällt dann innerlich den Tendenzen, die sich äußerlich in der Vogelwelt beobachten lassen: Sein Geist entschwebt aller Konkretheit, während er beim sinnlichen Getriebensein zu sehr einer Erdgebundenheit verfällt. Beide Extreme widersprechen der Mitte des Menschen.

Das Tier hört, aber es versteht kaum. Die Laute oder Töne, die es von sich gibt, sind beseelt und erscheinen uns wie ein Ruf nach dem Ich. Jedoch entbehrt das Tier des Sprachsinns, des Gedankensinns und des Ichsinns. Diese bilden die Voraussetzung für eine bewußte geistige Tätigkeit.

Die Sprache ist wesentliche Voraussetzung der Sphäre des Menschlichen. In dieser Sphäre entsteht sozusagen eine neue Natur, denn hier betätigt sich der schöpferische Geist und macht die Welt zu einer anderen, als sie zuvor war.

Das Tier gleicht dem Äußerlich-Sinnlichen. Es ist ihm weitgehend ausgeliefert. Wir Menschen können uns innerlich weiterentwickeln. Der Geist gestattet uns einen selbständigen Umgang mit dem Wahrnehmbaren. Vernachlässigen wir diese Möglichkeit oder mangelt es uns an Sittlichkeit, stellen sich Gefährdungen und Grobheiten ein, zu denen ein Tier niemals fähig wäre.

Der geistlose Mensch ist blinder als das Tier. Ihm fehlt jene instinktive Führung, welche zur Lebenserhaltung des Tieres beiträgt. Wir müssen dies durch das denkerische Bewußtsein ausgleichen. Nur dann stellt sich uns eine entsprechende Sicherheit zur Seite, welche dem Tier durch besondere Sinnesleistungen zuströmt.

Das Tier erkundet jeweils bestimmte Ausschnitte der Welt. Demgemäß sind die Organe spezialisiert, etwa für das Tasten, das Bewegen, das Riechen, das Sehen, die Wärme oder das Hören. Bei der Kuh zum Beispiel als einem Verdauungswesen sind der Geschmackssinn und der Lebenssinn besonders stark ausgeprägt. Die betreffenden Sinnesbereiche sind für sie von entscheidender Bedeutung.

Der Mensch ist als einziges Wesen der Sinneswelt zu Gesamtwahrnehmungen fähig. Die Natur ist ihm also voll zugänglich, und er selbst ragt als Ganzheit über sie hinaus. Das Wesentliche liegt bei ihm nicht in einer Spezialisierung begründet, vielmehr in einer universellen Begabung. Sie erscheint mit dem Ich. Bei den verschiedenen Tierarten zeigen sich die besonderen Funktionen der Sinne. Im Ich drückt sich aus, was als geistige Einheit hinter all dieser Verschiedenheit liegt. Bei uns sind die einzelnen Sinne nicht so stark ausgebildet, wir können aber dadurch gerade deren tiefere Bedeutung erkennen. Damit überschreiten wir jede äußere Festlegung und nehmen Einfluß auf die Umwelt, um sie nach unseren Vorstellungen zu gestalten. Dies bewirkt oft gravierende Änderungen, die allerdings die Tierwelt und auch die Mitmenschen bedrängen oder gar bedrohen können. Es hat sich gezeigt, daß der Mensch ganze Tierarten auszurotten vermag. Würde er sich anders verhalten, könnten solche krassen Auswirkungen vermieden werden.

Aufgrund der Abhängigkeit der Tiere von der Umwelt stimmen sie mit dieser oft erstaunlich gut überein. Das deutlichste Beispiel ist die Farbanpassung. Beim Menschen dagegen ist die Hautfarbe, sein Inkarnat, schon völlig vom Natürlichen abgehoben. Durch seine zarte Haut schimmert jene innere Aktivität hindurch, die aus dem Geiste stammt und über die er sich – nach vielen Fehlern – vernünftigere Handlungsweisen anzueignen vermag.

Ans Tier tritt der Geist nur wie durch eine Spiegelung oder Brechung in der Außenwelt heran. Dadurch ist das Tier als mondenhaftes Wesen charakterisiert. Spricht man in bezug auf den Menschen von be-sonnenem Tun, so ist schon dem Wort nach angedeutet, was bei ihm hinzutreten kann. Tatsächlich walten im Ich Sonnenimpulse. Das Verhalten des Tieres ist kaum als individuelles zu bezeichnen. In der Regel zeigt sich auf den gleichen Reiz immer dieselbe Reaktion. Menschen dagegen reagieren in der gleichen Lage meist sehr verschieden.

Ein bedeutendes Kennzeichen des Menschen ist die Hand. Mit ihr haben wir ein universelles Werkzeug und eine wertvolle Begegnungshilfe zur Verfügung. Der Philosoph Hans-Georg Gadamer nannte die Hand sogar »das geistigste aller Organe«. Beim Tier gibt es nichts Vergleichbares.

In unseren Händen haben wir sozusagen eine offene Mitte. Ihre bewußte Empfindsamkeit befähigt sie zum Helfen und zum Schenken. Durch sie läßt sich nach außen tragen, was wir als Liebe in uns bergen.

Die Fingerkuppen sind bei den einzelnen Menschen ähnlich verschieden wie der Kopf. Ein Fingerabdruck zeigt die jeweils ganz persönlichen Linien. Unser Ichwesen wirkt sich also bis in die Fingerspitze aus. Über unsere Hände und Füße strahlt das, was wir geistig-seelisch entfalten, in die Welt hinaus. Die Glieder ermöglichen es, daß wir durch Taten der Umgebung mitteilen, worum sich unser Ich bemüht. Dessen Früchte gelangen nach außen.

Die Zukunft des Ich ist also mit unseren Gliedern verbunden. Durch Hände und Füße werden der Welt neue Formen beigebracht. Im Antlitz leuchtet demgegenüber auf, was wir bereits in uns tragen. Das Gesicht widerspiegelt etwas von unserem individuellen Seelenwesen.

Am Kopf des Tieres können wir das Innere nicht ablesen. Hier sind keine individuellen Züge wahrzunehmen. Da müssen wir auf die ganze Gestalt und deren Verhaltensweisen blicken, während der Mensch sein Geheimnis schon durch das Antlitz verrät. Wenn wir auf das Gesicht eines Menschen schauen, teilt sich uns eine physisch gewordene Erinnerung an seine bisherige Entwicklung mit – was hindeuten kann auf eine frühere Inkarnation. Das jetzt fertig Ausgebildete weist auf eine vorangehende Bewegtheit zurück, die vielleicht in einem früheren Leben zu suchen ist (was Rudolf Steiner in seiner Reinkarnationsforschung näher erläutert).

Die jetzigen Glieder des Menschen arbeiten demnach gewissermaßen an einem noch unausgestalteten Antlitz. Zwischen zwei Polen, nämlich dem Bild der Vergangenheit und dem Gestalten an einem neuen Leben, ereignet sich unser Dasein. Der Kopf ist die Basis, an der sich unsere zukünftige Existenz entzündet. Sie weitet sich aus auf den Bahnen unserer Arme und Beine. Wie dadurch unser zukünftiges Aussehen sich vorbereitet, ist der Kopf auf der anderen Seite das Ergebnis einer Zusammenziehung.

II

Ökologie und Therapie der Sinne

3 Der Mensch und die Naturreiche

Die Fülle der Natur breitet sich vor uns aus. Es kann gar nicht genug betont werden, daß uns ohne die Sinnesorgane jeder Zugang zu ihr versperrt wäre. Jedes Erkennen und insbesondere jedes wissenschaftliche Erkennen muß ausgehen von sinnlichen Wahrnehmungen, wenn wir uns nicht in einem wüsten und haltlosen Theoretisieren verirren wollen.

Für uns Menschen und unser Wahrnehmen stellt die Materie zunächst eine Grenze dar. Tatsächlich ist diese Grenze aber nur scheinbar, denn unsere Sinne beobachten Veränderungen, welche sich durch Lebensprozesse am Stofflichen vollziehen. Dadurch, daß der Mensch in sich alle Naturreiche vereinigt, besitzt er mit seinen Sinnen die Fähigkeit, sämtliche Erscheinungen der Außenwelt zu durchdringen und ihnen in ihrer Eigenart gerecht zu werden.

Das rein Materielle kann keinerlei Eigenaktivität entwikkeln. Im Organisch-Lebendigen hingegen wohnt eine selbsttätige Kraft. Es ist nicht nur geformt, sondern gegliedert. Kräfte, die auf das Stoffliche nur von außen eindringen, schaffen beim Organismus im Innern. Dadurch gerät die Welt in einen Fluß, welcher die das Feste kennzeichnende Starre immer wieder überwindet.

Jeder Organismus macht verschiedene Phasen durch, und meistens entspricht jeder Phase eine andere, charakteristische Gestalt. Bei der Pflanze sind es vor allem drei Abschnitte: Wurzel, Blatt und Blüte. Der Organismus besitzt eine mit Leben erfüllte Form, die nicht sinnlichen Einflüssen entstammt, sondern aus dem Unsichtbaren hervorwächst.

In der organischen Welt wirken überall ätherische Kräfte.

Deren Auswirkungen sind sinnlich wahrnehmbar. Alles, was wir materiell an den Lebewesen erfahren, ist das Werk von Ätherkräften. Ohne sie kann sich in der Welt nichts ereignen. Es wäre ohne sie auch nicht möglich, daß unzählige irdische Stoffe in so kunstvoller Weise wie zum Beispiel bei einer Blume angeordnet würden. Die Pflanze nimmt das Leben auf und läßt sich von ihm leiten. Dieses geht in den Organismus ein und ermöglicht sein Wachstum, seine Entfaltung und weitere Verbreitung.

Beim Tier kommt darüber hinaus die Fähigkcit hinzu, das Organische zu benutzen und sich eigenständig zu bewegen. Darin zeigt sich, daß das Tier einen Astralleib zur Verfügung hat, der nicht bloß Stoffe auswechselt, sondern eine – wenn auch eingeschränkte – Selbständigkeit gewährleistet. Damit beginnt ein Empfindungsleben, welches spezifische seelische Qualitäten aufnimmt. Dies bedeutet jedoch immer auch einen gewissen Verlust hinsichtlich der Harmonie im Ätherischen.

Bei der Pflanze sind ätherische Kräfte in schönster Weise vereinigt. Dies wirkt auf uns beruhigend oder weckt ein Gefühl der Bewunderung, etwa wenn wir vor einem mächtigen Baum stehen. Er kann uns wie ein lebendig anschaubares Ideal erscheinen. – Mit dem Eingreifen des Astralischen entstehen fortwährend Probleme. Wo die Möglichkeit gegeben ist, sich von der Erde abzulösen, kann die harmonische Idylle des Organischen auseinandergerissen werden. Während das Tier dem astralischen Bewegtsein völlig ausgesetzt ist, kann der Mensch dies durch sein Ich auffangen und zu einer freien Gestaltung der Welt gelangen.

Die mineralische Natur gibt die Grundlage für das Reich der Pflanzen ab. Mit Hilfe der irdischen Stoffe formt sich der äthcrische Zusammenklang eines Organismus heraus. Die Kräfte der Tiere hingegen streben in den verschiedensten Richtungen auseinander. Sie folgen dabei inneren oder äußeren Verlockungen, denen wir Menschen nicht mehr ohne weiteres nachgeben dürfen, weil wir sie sonst steigern. Wir haben deshalb mit uns selbst oft sehr stark zu kämpfen – wie manche Tiere es draußen tun.

Unsere niedere Natur fühlt sich durch das Tierhafte angezogen oder belästigt. Durch die Auseinandersetzung mit diesen Empfindungen entwickeln wir uns weiter, erziehen wir uns seelisch. In den pflanzlichen Formen schlummert demgegenüber etwas von einer höheren Natur, deren Wesen wir in Freiheit erreichen können. Während uns das Tier häufig von sich aus Anstöße gibt, können wir die Pflanze nur betrachten, aber so eine reinere Geistigkeit aktivieren.

Die Triebe sind also unsere innere Tierwelt, und wir müssen an diesem Bereich unseres Inneren arbeiten. Das Ziel muß sein, das Tierische in Grenzen zu halten. Wir können dies durch unser Ich vollziehen. Bewältigen wir das Animalische, so branden schöpferische Impulse aus dem Ätherischen in unendlicher Fruchtbarkeit heran. Dadurch werden seelische Entwicklungen angeregt, die wie die Pflanzenwelt ununterbrochen wachstumsfähig sind. Vor allem die Phantasie wird hier befruchtet.

Die Sinneseindrücke erhalten im Innern des Menschen einen ganz anderen Stellenwert. Wir bleiben nicht an den Formen des Wahrgenommenen hängen. Was äußerlich verschwindet, kehrt geistig gestärkt im Seelenleben wieder. Auf diese Stärkung müssen wir allerdings warten können. Sie wird erleichtert, wenn unsere Sinneswahrnehmungen nicht von triebhafter Ungeduld begleitet sind. In dem eben beschriebenen Prozeß, der eine innere Verwandlung darstellt, gewinnen wir wertvolle geistige und soziale Impulse. Was wir empfangen und verarbeitet haben, kann wiederum auf die Welt und auf andere Menschen zurückwirken.

Durch das Ich verkehren wir mit unserer inneren Natur. Es sieht sich hineingezogen in ein Ringen wie das zwischen den Tieren. Das Pflanzenreich entspricht den herrlichsten Erlebnissen der Seele. Unser Gestaltungswille schließlich ist so zäh wie die Dinge in der Welt des Mineralischen. Das Zusammentreffen mit der außermenschlichen Natur kann uns also ganz konkret nützen. Die Beweglichkeit der Tiere dient der Verfeinerung unseres Beobachtungsvermögens. Im inneren Austausch mit der Pflanzenschöpfung erweitert sich unsere Empfindungsfähigkeit. Durch die Bearbeitung des Mineralreiches entdecken wir neue Möglichkeiten für unser Handeln. Ganz allgemein könnten wir uns nicht als Mensch erkennen, wenn wir die Natur nicht hätten.

Unser eigener Leib ist in die Natur eingebettet. Mit dem Tastsinn spüren wir das Physische, dessen festes Wesen uns so nachdrücklich verdeutlicht wird. Durch den Lebenssinn wird unser Verhältnis zum Ätherischen erfahrbar. Der Bewegungssinn bringt uns nahe, was beim Tier im Vordergrund steht: das Astralische. Durch den Gleichgewichtssinn erfassen wir die menschlich-geistige Sonderstellung innerhalb der Erdenwelt.

Ohne die Natur wäre unser Wesen nackt und arm. Es könnte sich nirgends aufhalten, sich weder betten noch ernähren. Die eigene Existenz ist undenkbar ohne jene der drei anderen Reiche. Die Bezüge zu ihnen sollten wir uns stets bewußt machen. Gäbe es keine Stoffe, keine Pflanzen und keine Tiere, so bliebe auch für uns – im jetzigen Zustand – nichts. Unsere Existenz ist mit der sinnlich faßbaren Natur vielfach verwoben.

Das Wesen des Tieres gelangt mit seiner Triebhaftigkeit zur sinnlichen Erscheinung. Bei der Pflanze bleibt solches sozusagen unter dem Boden: in den Wurzeltrieben. Was darüber hervortritt, ist von einer höheren Natur. Was mineralische Stoffe beinhalten, bleibt dem äußeren Anschauen häufig verborgen. Da müssen wir die Reaktionen aufeinander experimentell prüfen.

Die pflanzliche Welt steht in der Mitte zwischen der getriebenen Eigenaktivität des Tieres und der Passivität des Minerals. Letzteres ist äußerlich ganz dem Tod hingegeben. Tiere sind in Einzelleistungen vielfach geschickter als wir Menschen. Wir stehen ähnlich zwischen Getriebenheit und passivem Hinnehmen, nur daß bei uns alles ins Bewußtsein und zur Sprache gelangt. Doch können wir wichtige Anregungen zur inneren Besänftigung und zugleich Belebung aus der Betrachtung des Pflanzenreiches erlangen. Das ist um so wertvoller, je hektischer es in der menschlichen Zivilisation zugeht. Wir benötigen die bewußte Naturbegegnung mehr als je zuvor. Es genügt nicht, daß die Natur da ist, denn sie kann uns erst helfen, wenn wir besser auf sie achten. Sonst geschieht auch keine Entwicklung bei uns. Diese entspringt einem lebendigen Mitvollzug.

Alles Sinnliche weist auf Tieferes. Durch das Wahrnehmen können wir uns mit jenen Kräften vertraut machen, aus deren Wirken die Natur entstammt. Was erscheint und was vergeht, ist nach zwei Richtungen eine Pforte: Im Keimen und Geborenwerden senkt sich neues Leben auf die Erde herein. Beim Verblühen oder Sterben erahnen wir den Übertritt zu weiteren Schöpfungsvorbereitungen.

Wenn wir ernst nehmen, was sich vor unseren Augen ständig abspielt, werden eventuelle Zweifel an den Geistesgründen der Natur immer geringer. Die verborgenen Geheimnisse enthüllen sich uns zweifach: im Leben und im Tod. Was in fertiger sinnlicher Gestalt vor uns steht, bedingt ein vorheriges Schaffen. Das Vergehende hingegen deutet auf eine Wiederkehr.

Kein Lebewesen ist überflüssig, weil sich mit ihm jeweils besondere Erfahrungen machen lassen. Darauf beruht der grundsätzliche Unterschied zwischen der Natur und aller technischen Serienproduktion.

Der Rang der Natur ist also in ihrer Einzigartigkeit zu suchen. Jede Reduzierung der Natur bringt einen Verlust für uns mit sich. Unsere Erfahrungsmöglichkeiten werden verringert – und damit auch die von uns zu entwickelnden inneren Qualitäten. Wir empfangen schließlich durch jeden Sinneseindruck etwas Neues.

In der Auseinandersetzung mit der Erde erobern wir uns Eigenschaften, mit welchen wir die Schöpfung allmählich zu bereichern vermögen. Das Erleben mündet in ein Mitarbeiten ein. Darauf wartet heute die Natur mehr denn je. Es genügt nicht, einzig von ihr zu zehren. Das wäre zu einseitig. Unser Handeln muß berücksichtigen, was für die Umwelt nötig ist.

Jede Erscheinung in der Natur läßt uns darüber hinaus auf kosmische Schöpfungsimpulse blicken. Um uns breiten sich die Anfragen und Aufgaben zukünftiger Evolution aus. Mit allem, was wir tun, sollten wir daran anknüpfen.

Betrachtet man die bloße Materie, wirkt die Welt wie erstorben. Ein Endpunkt ist erreicht, an dem alles auftrifft, was die Schöpfung sonst an Kräften, Beziehungen und Wesen beinhaltet. Durch den äußerlich toten Stoff begegnen wir im Grunde jedoch dem ganzen Kosmos in einer Art Widerspiegelung. Wir sind durch unsere Wahrnehmungen aufgefordert, über das rein Stoffliche hinauszublicken. Dabei treffen wir aber dauernd auf Widerstand – an ihm haben wir unser Urteilsvermögen zu erproben.

Unser Kennenlernen der äußeren Welt geschieht in dreierlei Weise:

1. Im Kopf haben wir ein Punktbewußtsein. Da sind wir selbst am konzentriertesten, können uns ganz auf die Welt ausrichten und uns zugleich eindeutig von ihr abgrenzen. Wir erleben uns in einem Zentrum, um das sich alles übrige gruppiert.

2. In einem mittleren Gebiet geschehen Berührungen mit der Welt, vor allem mit den Händen. Das hier wirksame Flächenbewußtsein gibt Anlaß zu einem lebendigen Austausch. Auf dieser Ebene läßt sich bereits vieles von dem überprüfen, was wir zunächst bloß aus der Distanz betrachtet haben.

3. Unsere gesamte Gestalt überschreitet die Trennung zur äußeren Welt. Durch das Sich-Bewegen haben wir ein Raumbewußtsein. Wir können uns einem bestimmten Gegenstand oder Vorgang von ganz verschiedenen Seiten nähern.

Punkt, Fläche und Raum verhalten sich wie das Ich zum Du und zum All. Im Kopf können wir alles wie atomisiert betrachten, es erscheint abgegliedert voneinander. Der Gliedmaßenmensch durchschreitet den einen Raum, dem sämtliche Erdenwesen angehören. Zwischen ihnen sind Begegnungen möglich, an denen sich bei uns die Arme maßgeblich beteiligen. Bei unseren Gliedmaßen unterscheiden wir zwischen links und rechts. Diese Unterscheidung ist dem Menschen angeboren. Die Richtungen vorne und hinten ergeben sich aus der Aktivität des Gehens. Das Verhältnis von oben und unten erfahren wir aus der Polarität zwischen dem Kopfzentrum und den Gliedern, welche linienhaft herabstreben. Wir können sie aber auch beugen, kreuzen oder kreisen lassen. Ihre Bewegungsformen sind am wenigsten festgelegt. Die Bewegungen sind durchstrahlt von der geistigen Kraft des Ich. Dieses ergreift die Welt mit seinem Willen immer wieder neu. Oben reflektieren wir das bisher Vollbrachte. Am Kopf ist alles fertig ausgeformt, wie es die Außenknochen des Schädels schon zeigen. Der Impuls zu neuem Wirken hängt – bis in die Blutbildung hinein – mit den Innenknochen der Glieder zusammen. Hier begegnen uns die Kräfte des erst Werdenden.

Der Weg unserer Auseinandersetzung mit der Welt ist eigentlich im Knochensystem vorgezeichnet: Von der Abgerundetheit des Kopfes, über den sich nach vorne und unten öffnenden Brustraum, bis zu den herausdringenden Gliedern. An den Formen des Skeletts bewahrheitet sich so, was der schweizerische Dichter Albert Steffen in dem Buch *Aus der Mappe eines Geistsuchers* über das Erkennen der Welt ganz allgemein schreibt: daß es zu erreichen sei, »wenn der Mensch den eigenen Körper so objektiv betrachten kann wie einen fremden. Dann wird dieser zu einem Kompendium aller Dinge.«

Der Kopf ist eine geschlossene Welt für sich. Dadurch vermag er sich in so vieles erkennend hineinzuversetzen. Vom bloßen Erkennen aber können wir noch nicht leben. Unser Leben, also auch was sich mit der Materie vollzieht, verdanken wir der Tätigkeit unserer Gliedmaßen.

Wir müssen gegenüberstellen, was wir zum einen als das Äußere der materiellen Welt erfahren und was wir zum anderen ihrem Inneren gemäß ausführen. Das eine wird von unserem gewöhnlichen Denken aufgegriffen (dem Intellekt), das andere hat mit unseren Willenskräften zu tun.

Was wir von der Außenseite der Welt wahrnehmen, schwindet über kurz oder lang wieder dahin. Für uns selbst ist dieses Schicksal nicht vorgesehen, denn wir sollen uns über das Sinnliche hinausarbeiten. Die materielle Vergänglichkeit fordert uns dazu auf. Wir sind ein Sensorium des Vergehenden und zugleich des Überdauernden.

Zunächst erscheint es uns im allgemeinen unwahrscheinlich, daß vergängliche Erscheinungen »weiterleben« können. Kaum jemand glaubt, daß das Wahrnehmen selbst einen Sinn in sich hat. Dieser wird eher jenseits des Lebens vermutet oder insgesamt geleugnet. Zwar entdecken wir gesetzmäßige Zusammenhänge zwischen den Naturerscheinungen oder auch mathematische Regelmäßigkeiten. Daß das erkennende Aufarbeiten des Wahrgenommenen jedoch von tieferer Bedeutung ist, zeigt sich uns meist erst indirekt: indem wir zu technischen Anwendungen gefundener Gesetze und Formeln gelangen – zu Erfindungen.

Durch das bewußte Eindringen in die Naturverhältnisse werden wir zum Mitgestalten befähigt. Wir ahmen nicht lediglich nach, was ohne uns schon vorhanden ist, sondern knüpfen am Gegebenen an. Unabdingbare Voraussetzung ist jedoch die sinnliche Wahrnehmung. Ließen wir die sinnliche Realität unberücksichtigt, würden wir zu Resultaten gelangen, welche die Welt negieren, anstatt sie weiterzubringen.

Naturwissenschaft im strengen Sinne ist nur möglich unter möglichst vollständiger Einbeziehung aller Wahrnehmungen. Schon der griechische Philosoph Aristoteles legte dar, daß die sinnlichen Eigenschaften zum Wesen einer Substanz gehören, also nicht lediglich subjektive Empfindungen des Beobachtenden ausdrücken. Echtes naturwissenschaftliches Forschen sollte aufdecken, wie die wahrgenommenen Vorgänge sich zueinander verhalten.

Kenntnisse darüber, was die Natur ist und wozu sie dient, können niemals unter Ausklammerung der Sinne zustande gebracht werden. Mit Carl Unger, einem Mitarbeiter Rudolf Steiners, wäre deshalb als erkenntnistheoretische Forderung an die Naturwissenschaft zu betonen: »Zurück zur reinen Sinneswahrnehmung! Es muß sich die Einsicht durchsetzen, daß die Sinneswahrnehmung ein ursprüngliches und notwendiges Element der naturwissenschaftlichen Forschung ist und durch nichts anderes ersetzt werden kann.« (»Über die erkenntnistheoretischen Grundlagen der Naturwissenschaft«, 1916.)

Das Erwerben von Wissen, welches zum Schaffen hinleitet, kann als wahrer Sinn solcher Forschung gelten. Im übrigen verrät uns dies auch das Wort: Natur-wissen-schaft. Mit unseren Bemühungen entwickelt sich die Natur weiter, falls wir sie ausreichend wahrgenommen haben, bevor wir uns zum Handeln entschließen.

Eine Tendenz des Abgleitens von der Natur bringt die atomistische Betrachtungsweise mit sich. Sie verzichtet zu schnell auf die Sinnesqualitäten. Vieles bleibt unberücksichtigt, so daß die Ergebnisse sich immer mehr in bloßen Wahrscheinlichkeiten bewegen und sich am Ende gegen die Schöpfung, aber damit auch gegen uns zu richten drohen.

Der Naturwissenschaftler Max Thürkauf erklärte in einer Vorlesung das Atom zu einem Unding-an-sich, in Anknüpfung an das unfaßbare Ding-an-sich des Philosophen Immanuel Kant, welches dieser als Grundlage der Welt, jedoch auch als unzugänglich für alles Erkennen erklärte. Nun erntet man die Folgen: Die Wahrnehmbarkeit des Materiellen wird ebenfalls geleugnet. Somit ließe sich gar nichts mehr erkennen – weder der Stoff noch sein Ursprung oder Ziel.

Der Atomismus hat unser zwanzigstes Jahrhundert entscheidend geprägt. Die vernichtenden Energien, auf die wir gestoßen sind, könnten Mensch und Erde gänzlich ausradieren. Eine Besinnung auf die mißachtete Funktion der Wahrnehmung sollte zeigen, wie in der atomistischen Einseitigkeit der Irrtum unserer Zeit liegt, dessen Tragik noch lange nicht ausgestanden ist. Nur wenn wir die zerbrechliche Sinneswelt höher bewerten, kommen wir an gegen die dahinter drohenden Gefahren.

Durch die Mißachtung der Sinneseindrücke droht die Naturwissenschaft ihren eigentlichen Gegenstand zu verlieren. Interessanterweise zieht sie sich derzeit auch immer mehr an abgedunkelte Stätten zurück. Der Kontakt zur lebendigen Natur wird aufgegeben. An ihre Stelle tritt eine künstliche und sterile Laboratoriumsatmosphäre. Die Forschung entfernt sich von dem, wofür sie da sein sollte.

Die moderne Atomphysik zum Beispiel hat mit der sinnlich erfahrbaren Natur nichts mehr zu tun. Mit ihrem großen Experimentalaufwand, etwa durch gigantische Teilchenbeschleuniger, ist immer weniger »dingfest« zu machen. Es wird ausgelöscht, was wir als Materie wahrnehmen. Sie entweicht uns wieder.

So bestätigt sich, daß die Materie nichts Endgültiges ist, sondern aus Ereignissen besteht, die sich nach den von der Physik ermittelten Gesetzen vollziehen. Dieses Geschehen wurde nicht von uns Menschen erdacht. Unsere Wahrnehmungen sind Äußerungen von Kräften, welche der Natur zugrunde liegen.

Die erkannten Gesetzmäßigkeiten der Natur sind ursprünglicher als die äußeren Abläufe. Damit hängt es zusammen, daß ganz gegensätzliche Erscheinungen dennoch eine Verbindung miteinander haben können. Hinter all der stofflichen Verschiedenheit gibt es tiefere Gemeinsamkeiten. Verstoßen wir gegen diese, resultieren daraus ganz zerstörerische Kräfte, wie sie die Atomphysik zur Genüge kennengelernt hat.

Die Einheit der Stoffe liegt in den sie prägenden Gesetzen – also im Geistigen. Auf der sinnlichen Ebene hat nur der Mensch die Einheit in sich. Deshalb kann er die Rätsel der Natur erraten – aber auch verraten. Ein Verrat an der Natur fängt an, wo jeder Mensch sein Individuelles der Natur aufzwingen will. Dann lockt er Kräfte hervor, die sich gegen alles Leben richten. Er verstärkt das, was die stofflichen Gegensätze hervorruft. Dies würde tatsächlich zu einem allgemeinen atomistischen Zersplittern führen.

Wo man heute winzigste Elementarteilchen vermutet, welche die Materie aufbauen sollen, bleibt kein Raum mehr für Sinnliches. Man untersucht Kräfte, die sich hilfreich oder vernichtend benutzen lassen. Gerade ihr Verhältnis zur sichtbaren Natur müßte uns darüber belehren, mit welchen Kräften wir umgehen. Nur wenn wir uns wahrhaftige Gedanken über die Natur machen und nicht gegen ihre oft sehr verborgenen Zusammenhänge verstoßen, können wir zu einem moralischen Bild der Materie gelangen.

100

Der Atomismus erzeugt ein unmoralisches Bild der Materie, weil er nur auf Einzelheiten blickt und die Gegensätze in der Natur noch intensiviert. Zwischen Mensch und Welt ergibt sich so ein Konflikt nach dem anderen.

Wer am zusammenhängenden Geist zweifelt, kommt auch mit der Materie nicht zurecht. Ihre Erforschung verlangt uns die größten Erkenntnisbemühungen ab. Ein Stoff verschleiert zunächst völlig, was er darstellt. Wir können ihn nur begreifen als Zugang zu ganz bestimmten Kraftqualitäten, deren Auswirkung eine Geistgewalt enthüllt, welche hinter dem Stoff gewissermaßen vergraben ist. Wenn wir ihn falsch anwenden, kann die Diskrepanz zwischen uns und der Natur verheerende Folgen haben. Ein massiver Zwiespalt zur Schöpfung kann sich ausbilden.

Anders als im Verhältnis zu Pflanzen, Tieren und selbstverständlich auch zu Menschen findet bei einem fehlerhaften Umgang mit der Materie keine Korrektur außerhalb unseres Handelns statt. Wir müssen alles selbst wiedergutmachen. Also haben wir gegenüber dem Stoff die höchste Verantwortlichkeit! Das heißt aber, daß nichts so sehr an unsere Geistigkeit appelliert wie die Materie. Deren Veränderungen müssen wir mit wachstem, ungetrübtestem Bewußtsein beobachten. Denn wir vertreten das, was der äußere Stoff nicht in sich hat. Er bedarf des erkennenden Ich am meisten.

All dies verdeutlicht, daß wir unsere Denkgewohnheiten radikal ändern müssen. Gegenüber der Materie dürfen wir uns keinerlei Gleichgültigkeit leisten. Unser Schicksal ist eng mit jenem der Stoffe verbunden. Prinzipiell können wir frei denken und handeln. Ob wir der Freiheit würdig sind, hat sich im Gebrauch der Materie zu bestätigen. Mit ihr richten wir über uns selbst. Es ist völlig falsch, zu behaupten, daß wir dem Stoff ausgeliefert seien. Das Umgekehrte gilt. Wir bestimmen, was aus der äußeren Welt wird.

Die Existenz der Materie läßt sich somit als fortgesetzte Aufforderung zu geistigem Streben verstehen. Ihre Stummheit verkörpert die lauteste Mahnung, schöpferisch tätig zu werden. Durch unser Tun entscheiden wir über die weitere

Evolution der Erde. Vor diesem Hintergrund müssen wir die Materie als eine moralische Aufforderung empfinden. Alles ist Zeichen für unsere Verpflichtungen. Sie sind so umfassend wie die Welt der Stoffe selbst.

Der Mensch kann die Festlegungen der Materie überwinden. Diesen Bezug darf keine Wissenschaft ausklammern. Wir sollen nicht lediglich eine Fülle von Informationen über Gewordenes speichern. Unsere Erkenntnisse bleiben unfruchtbar, wenn sie nicht den täglichen Umgang mit der Natur unterstützen. Welch eine große Verantwortung uns hier erwächst, wird offensichtlich, wenn wir uns klar machen, daß sich aus den Gestaltungen und Bewegungen der Natur ablesen läßt, was geistige Wesen meditiert und vollbracht haben.

Die vier Elemente und der Jahreslauf

Gegenwart ist immer ein Beschenktwerden. Wir verdanken unser Dasein vielen Kräften, die aus dem Unsichtbaren kommen und auf verschiedene Weise sinnlich in Erscheinung treten. Alles, was unserem Wesen in der äußeren Welt begegnet, hängt mit den Elementen zusammen, durch die das Materielle in vier große Bereiche gegliedert wird: das Feste, das Wäßrige, die Luft und die Wärme. Außerdem verändert sich unser Erleben ständig während des Jahreslaufs: Dieser bildet sozusagen einen Gesamthintergrund für jegliche Wahrnehmungen.

Die feste Materie liegt in fertiger Gestalt vor unseren Augen. Bei einer Pflanze ist dies schon nicht mehr der Fall. Sie ist nicht abgeschlossen, sondern nimmt ständig neue Stoffe auf. Eine unverzichtbare Hilfe bildet dabei das flüssige Element. Dieses macht überhaupt erst Leben möglich. Mit dem Wasser sprießen die Pflanzen hervor. Das Wirken ätherischer Kräfte drückt sich bis in die sinnliche Wahrnehmbarkeit hinein aus.

Im Festen ist das Sinnliche für sich. Durch Wasser und noch mehr durch die Luft sowie die Wärme wird das Stoffliche empfänglich für höhere Weltbereiche. Durch die Elemente der Luft und der Wärme wird Seelisches (Astralisches) und Geistiges bis ins Sinnliche hinein wirksam. Für Tier und Mensch sind diese Elemente von wesentlicher Bedeutung.

Die Wärme ist wie der Geist allem übergeordnet. Sie dringt auch bis in ein fest abgeschlossenes Gefäß hinein und kennt keine isolierten Teile. Mit sämtlichen Vorgängen kann sie sich verbinden.

Bei der festen Materie ist jedes Stück vom anderen geschieden. Flüssigkeiten und gasförmige Stoffe gehen ineinander über. Die Wärme kann überall sein.

Am Festen und Flüssigen können wir die Kräfte der Schwere in ihrer sinnlich wahrnehmbaren Auswirkung studieren. Luft und Wärme tragen emporsteigende Kräfte in sich, die für Bewegung sorgen. Sie ermöglichen ein Loslösen von der Schwere, das wir besonders gut beim Vogelflug beobachten können.

Die Luft kann sich vom Licht erfüllen lassen, insbesondere von jenem der Sonne. Dieses wirkt weckend auf das Bewußtsein, wie es jeder täglich beim Aufwachen erfahren kann. Mit der Wärme andererseits kann eine Verwandlungskraft in alle Stoffe einziehen – eine Kraft, die zum Beispiel Metalle zum Schmelzen bringt. Wenn der Mensch innerlich lichtvoll und selbst mit Wärme arbeitet, lernt er die Elemente zu beherrschen.

Eine Steigerung der Wärme bringt von sich aus eine Lichterscheinung hervor – wir kennen dies vom Feuer. Gegenüber dem Wäßrigen wird durch die Wärme eine Verdunstung angeregt, was wiederum zu Niederschlägen führt. Eine tiefere Stufe ist die Vereisung, wo das Wäßrige in einen festen Zustand übergeht. In diesem haben wir den Tiefpunkt der Materie erreicht.

Von der Wärme und der Luft ist so ein Abstieg über das Wäßrige bis zum Festen möglich, ebenso aber auch ein neuer Aufstieg. An einem solchen Wechsel nehmen wir mit den Wettererscheinungen und durch die Jahreszeiten teil. Beim Winter ist der Kontrast zum Materiellen am deutlichsten. Er offenbart sein Geheimnis im Schnee. Dieser wirkt durch seine glitzernde Helligkeit wie gefrorenes Licht. Die anderen Elemente treten zurück. Im Frühjahr gelangen sie zu einer neuen Aktivität.

Beim Menschen kann äußere Kälte die Verinnerlichung herausfordern. Wir suchen nach einem Gegenpol in der Seele, der uns geistige Kraft zu schenken vermag. Darauf deutet das Weihnachtsfest.

Im Frühjahr strebt heraus, was sich im Winterdunkel vorgebildet hat. Die Überwindung des Todes durch ein neues Leben vollzieht sich in aller Sichtbarkeit und Miterlebbarkeit über die Osterzeit. Die Bewegung geht von innen nach außen. Zum Sommer hin spielt sich alles draußen ab. Das Licht und die Wärme sind nun sinnlich ganz intensiv tätig. Die Johannizeit ist da. Es weitet sich unser Bewußtsein über die Erscheinungswelt aus.

Gegen den Herbst wendet sich die Jahresbewegung wieder nach innen. Die Michaelizeit wird durchschritten. Unser Bewußtsein tritt mit den vollzogenen Erfahrungen an die Verborgenheit des Geistes heran. Wir müssen uns vor ihm bewähren. Dabei kann die Seele erwachen. Ein sinnlicher Bezug hierzu ist das farbige Aufglänzen der Blätter, bevor diese zur Erde fallen. Es ist wie eine Geste, die uns sagen will, daß etwas in der Verborgenheit des Winters weiterlebt, um sich im Frühling und Sommer wiederum den Stoffen einzuprägen und sie neu zu gestalten.

Das Jahr ist von einem schöpferischen Rhythmus durchzogen. Er vermittelt zwischen Erde und Kosmos. Was wir als Farbigkeit der Natur vor uns haben, wird nicht vom Irdischen allein hervorgebracht. Die Sonne bringt es aus dem Weltall mit. Die kleinste Blume legt ein Zeugnis dafür ab. Der Himmel spricht sich durch sie aus.

Eine Befruchtung durch den Kosmos senkt sich im Jahreslauf zur Erde herab und vermählt sich mit ihr. Dies trägt auch unser menschliches Leben voran. Die speziellen Wetterverhältnisse hingegen sind zumeist ähnlich problematisch wie unsere jeweilige Seelenverfassung. Hier liegt eine direkte Entsprechung vor. Das Wetter ist ebenso launisch wie wir. Sehr häufig gibt es Anlaß zur Klage. Entweder ist es uns zu heiß und trocken oder zu kalt und regnerisch. Wir empfinden die Extreme weniger stark, wenn wir ihnen geistige Festigkeit entgegensetzen; dann können wir den wechselnden Erscheinungen bewußter standhalten. Zum Beispiel muß uns das spätherbstliche Nebelwetter nicht lediglich befremden. Eine prüfende – für manchen sehr peinliche – Zusammendrängung des Bewußtseins wird erzeugt, um die innerliche Geburt des Winters anzukündigen. Umgekehrt müssen wir uns von den lichten Raumesausweitungen der sommerlichen Sonnendurchbrüche nicht entrücken lassen. Vielmehr können wir die Möglichkeiten und Schwierigkeiten unserer Zeit besser aufgreifen.

Eine Aufforderung zur ausgleichenden Tätigkeit in unserem Seelenleben haben wir mit dem Jahreslauf sichtbar vor uns. Der äußere Wechsel erfordert die Aktivierung von Gegenkräften in uns. Daneben teilen sich uns höhere Botschaften mit, wie sie vor allem die Beobachtung des nächtlichen Sternenhimmels erahnen läßt. Wir haben Freuden und Leiden nicht nur mit dem eigenen Leib, sondern mit der ganzen Erde. Ihren jahreszeitlichen Wechsel begleiten wir mit den unterschiedlichsten Seelenstimmungen. Was an die Seele heranströmt, von dem entfernen wir uns zwar innerlich wieder. Jedoch erhalten wir eine Vielfalt von Eindrücken, mit denen wir uns weiter beschäftigen können.

Durch bewußte Beobachtung der Jahreszeiten bleiben wir mit der Natur und mit dem gesamten Weltall verbunden. Frühling, Sommer, Herbst und Winter spiegeln die unterschiedlichen Verhältnisse der Erde zum Kosmos. An den Veränderungen der Natur lassen sich diese sehr gut ablesen, wenn wir die Sinne dafür öffnen.

Durch die Vermittlung der Sonne befindet sich die Erde in einem lebendigen Dialog mit dem All. Dabei wandelt sich alles im Lauf des Jahres. Im Sommer strahlt uns die Sonne am meisten entgegen und weckt unsere Aktivitäten im äußeren Sinne; allerdings werden wir durch die Hitze manchmal fast gelähmt. In der winterlichen Ruhe finden wir am ehesten zu uns selbst. Ein herbstliches Hereinnehmen der Erfahrungen schafft die Voraussetzungen dafür. Das Frühjahr bringt sodann Impulse für ein tätiges Herausgehen in die Welt.

Eine erhebliche Gefahr liegt in der künstlichen Monotonie der modernen Stadtzivilisation, die nicht nur häufig die Begegnung mit dem Sternenhimmel vereitelt, sondern auch die Jahreszeiten einebnet. Unsere Verbundenheit zum Kosmos ist beträchtlich gestört. Nur noch außerordentliche Erscheinungen werden bemerkt, etwa ein Gewitter, jedoch nicht die ständig uns begleitenden und gesundenden Rhythmen. Das rächt sich darin, daß sich die Seelenverfassung des Menschen als weit zerrissener erweist. Zudem setzt sich im Leib eine größere Krankheitsanfälligkeit fest, weil auch dieser der natürlichen Ausgeglichenheit entbehrt.

Zur Welt, in der wir leben, gehören nicht lediglich die Stoffe. Die Erde hat noch einen Wasserleib, eine Lufthülle und einen Wärmemantel. Damit zusammen spielt sich unser Leben ab. All dies hat unterstützende Bedeutung für unser Wesen. So zehren zahllose Menschen, oft ohne sich dessen genügend bewußt zu sein, in späteren Jahren von dem, was durch die Landschaften ihrer Kindheit als Empfindungsnahrung aufgesogen wurde. Andernfalls ließen sich die heutigen oft erbärmlichen städtischen Verhältnisse gar nicht ertragen. Bei Jüngeren, denen die Erinnerung an gesündere Zustände fehlt, ist die Seelennot häufig erschreckend.

Jede Landschaft hat ihr besonderes Gesicht und einen bestimmten Einfluß auf uns. Ist sie eben, so fördert sie die seelische Offenheit, vor allem wenn ein größeres Gewässer oder gar das Meer sich angliedert. Ein hügeliges oder gar bergiges Gebiet regt eher zur inneren Vertiefung an. Einmal begegnen wir dann im Hinausschauen, das andere Mal mehr im Aufschauen einem höheren Geist.

Ein Mitbildner der in uns wirkenden Stimmungen und Kräfte ist die Natur. Die Polaritäten der Offenheit und Vertiefung kehren in der seelischen Haltung von nach außen oder mehr nach innen gerichteten Menschen wieder. Man spricht auch von Extrovertiertheit oder Introvertiertheit.

Diese Unterscheidung läßt sich im Bereich der Sinne nachprüfen.

Zum einen sind die der Außenwelt zugewandten Sinne als die sechs Tagessinne zu beschreiben: vom Ichsinn über den Gedankensinn, den Sprachsinn, den Hörsinn und den Wärmesinn zum Sehsinn. Sie lassen sich auch mit der sommerlichen Hälfte des Jahres vergleichen. Zum anderen haben wir sechs mehr nach innen gewendete Nachtsinne: vom Geschmackssinn über den Geruchssinn, den Gleichgewichtssinn, den Bewegungssinn und den Lebenssinn zum Tastsinn. Diese beruhen auf Erfahrungen, die der Winterhälfte des Jahres entsprechen.

Im Sommer zeigt sich bei uns, welche inneren Qualitäten wir im Winter angelegt haben. Diese treten praktisch mit der Sonne hervor. Umgekehrt können wir zwischen Frühjahr und Herbst möglichst viele Sinneserfahrungen sammeln, um sie dann – im Winter – in der Seele zu verarbeiten.

Eine sinnlich-kosmische Erziehung kann das Jahr sein. In der Natur waltet ein schöpferischer Geist; an seinem Wirken können wir uns so heranbilden, daß wir ihm immer mehr gleichen.

Die Sinne sind das Maß der Seele; sie zeigen, was für uns zuträglich ist oder uns belastet. Durch äußere Einflüsse kann unser Innenleben erheblich in seiner Entfaltung gestört werden. Anhaltender Lärm zum Beispiel drückt unser Wesen richtiggehend nieder. Er prasselt wie unsichtbare Schläge auf uns ein und läßt uns nicht zur Ruhe kommen.

Die Lärmbelästigung hat heute vielerorts enorme Ausmaße erreicht. Schon jetzt lassen sich bei ungefähr jedem Zehnten ernsthafte Beeinträchtigungen des Gehörs feststellen, die in den meisten Fällen nicht mehr zu heilen sind. Trotzdem vertreten manche die Meinung, wir müßten uns daran gewöhnen. Die Gefahr körperlicher Schädigung sollte sie eines Besseren belehren. Einen wirksamen Schutz gegen die Schädigung des Gehörs wie auch gegen andere Zivilisationskrankheiten bietet allein die Reduzierung der Ursachen, zum Beispiel durch eine Umstellung auf Maschinen, die leiser arbeiten. Generell sollte im Hinblick auf neue Technologien stets gefragt werden, welche Wirkung ihr Einsatz auf die Sinne hat. Sonst zerstören wir alles Leben, denn heute wird deutlich, daß vieles im nachhinein nicht mehr zu beheben ist.

Der Mensch hat den Lärm in die Welt gesetzt – und muß ihn wieder beherrschen lernen. Abgesehen von den körperlichen Schäden untergräbt der Lärm auch das seelische Vertrauen zwischen uns. Wo die Belästigung zu stark ist, kann sich keiner auf den anderen verlassen. Die sozialen Organe der Individuen – die oberen Sinne – sind verstopft. So versperrt uns der Lärm den Weg zu den Mitmenschen. Eine subtile Form der Gewalt schiebt sich herein. Durch die ständigen Attacken auf unser Inneres werden vielfach unkontrollierbare Gegenreaktionen ausgelöst. Eine gewalttätige Jugend demonstriert, in welcher »lärmenden« Gesellschaft sie aufwachsen mußte. Die Aggressivität wurde ihr sozusagen anerzogen. Der Mensch ist heute häufig von Kind an dauernder Lärmbelastung ausgesetzt. Wenn er sich nicht selbständig von den Lärmquellen zu entfernen vermag – dies gilt insbesondere für das kleine Kind –, staut sich das Leiden an diesem Zustand an und wendet sich als Gewalt gegen die Umwelt zurück.

Für andere Umweltsünden gilt ähnliches. In den heutigen Städten muß auch unser Auge eine Unzahl der verschiedensten Reize aufnehmen. Durch eine oft schockierende Aufmachung drängt sich uns vieles auf, was wir sonst nicht beachten würden. Eine Fülle von Scheußlichkeiten findet ungefragt Einlaß in die Seele, ohne daß wir uns dagegen wehren können.

Dadurch, daß die Sinne fortwährend den grellsten Eindrücken ausgesetzt sind, verlieren sie allmählich ihre Warnfunktion. Als Folge können sich die schlimmsten Probleme ergeben, wie sich bei der Luftverschmutzung ganz drastisch zeigt. Wir ertragen sie nur deshalb sehr lange, weil der Geruchssinn abstumpft. Viele sind schon so unempfindlich geworden, daß sie nicht merken, wie sehr wir uns gegenseitig den gesunden Atem nehmen. Wäre mehr Sensibilität vorhanden, müßte größere Rücksichtnahme selbstverständlich sein.

Eine Abstumpfung der Sinne führt letztlich zur Verwüstung der Welt. Gegenwärtig scheint die Masse des Minderwertigen um uns eine Art Lähmung zu erzeugen. Diese müssen wir erst wieder durchbrechen, was mit einer geistigen Bewußtmachung der bereits aufgetretenen Umweltzerstörungen beginnen kann.

Wie groß in vielen Fällen der Abstand zwischen den technischen Erzeugnissen und der Natur geworden ist, läßt sich besonders gut an der Unmenge von Kunststoffartikeln bezeugen. Gegenstände aus Plastik entsprechen in kaum einem Punkt den Erfahrungen, die wir im Umgang mit natürlichen Gegenständen gewinnen können. Farbe, Gewicht und Geruch der Kunststoffprodukte sind vollkommen unnatürlich. Wenn wir sie berühren, führt dies oft zu ganz ungewohnten, sehr unangenehmen Tast- und Geräuschempfindungen. Wem liefe nicht ein Schauder über den Rücken, wenn er die zirpenden Geräusche vernimmt, die beim Reiben von Plastik entstehen? Es ist, wie wenn unser Inneres ausgepreßt würde.

Die Naturferne der Kunststoffe wird auch durch folgendes unterstrichen: Natürliche Stoffe sind nie ganz tot. Sie verwandeln sich mit der Erde. Dagegen wirkt Plastik wie eine Auflehnung. Es widerstrebt dem organischen Wechsel und ist immun gegenüber der Verwitterung. Durch seine Verwendung treiben wir einen entfremdenden Keil zwischen uns und die Schöpfung.

Die Kunststoffwelt umgibt uns heute in ihrer Nacktheit jedoch überall. Mit dem Kunststoffspielzeug fängt bereits in der Kindheit eine Erziehung – oder richtiger Verziehung – zur Umweltentfremdung an. Der mit dem Plastikbeutel dahinhetzende Mensch, aus dem heutigen Straßenbild nicht mehr wegzudenken, ist ein Symbol der Lebensferne unserer Zeit. Der ausufernde Gebrauch von Kunststoffen in allen Bereichen unseres Lebens ist Ausdruck der Verbreitung eines naturfeindlichen Handelns. Im Gebrauch von Plastikmaterialien enthüllt sich eine wachsende Geringschätzung der Natur. Mit den Kunststoffen häufen sich ganz allgemein die Wegwerfwaren. Das Erzeugen von Müll scheint eine Hauptbeschäftigung des Gegenwartsmenschen zu sein.

In der Gestaltung oder Schändung der Umgebung spiegelt sich unser innerer Zustand. Die gestaltete Außenwelt wirkt wieder auf den Menschen zurück. Daraus ergibt sich eine Verantwortlichkeit jedes einzelnen für sein Tun. Was wir der Welt zuleiten, gewinnt Macht über die Seelen – uns selbst eingeschlossen. Gelingt es uns nicht, diesen Teufelskreis zu sprengen, werden wir in einen zivilisatorischen Primitivismus hineingezogen, der so zu charakterisieren wäre: Das Zuviel an materiellen Mitteln wird dazu benutzt, das Leben auszutilgen.

Der Anfang einer Rettung der Umwelt läge in einer

Beschränkung unserer Konsumbedürfnisse. Dies könnte insofern einen Lebenszuwachs herbeiführen, als die Technik nicht weiter unkontrolliert anwachsen würde und der Raum für Pflanzen und Tiere nicht noch kleiner würde. Im gleichzeitigen Bemühen um den Naturschutz könnten wir ein organischeres Verhalten wiedergewinnen.

Die technische Zivilisation steht im Krieg mit Tieren, Pflanzen und durch die künstliche Radioaktivität auch mit dem Mineralreich. Unfriede verbreitet sich über die ganze Erde, wenn wir unfähig bleiben, jene besänftigende Stimmung zu pflegen, die uns die Natur vermitteln kann. Von ihr zu lernen, wäre wichtiger, als ökologische Tagungen abzusitzen, die mit Mikrofon und Lautsprecher eher noch zusätzlich zur Verunstaltung unserer Sinne und der Natur beitragen. Echte ökologische Tätigkeit beginnt damit, daß wir unterdrückte Lebensprozesse neu aufsuchen. Wir müssen Kräfte in uns aufnehmen, die das Werden der Natur unterstützen, und diese anwenden, um die Technik wieder sinnvoll einzusetzen.

Die moderne Zivilisation hat die Verbindung zur Natur vielfach abgebrochen und die Ausbreitung der Technik hemmungslos gefördert. Dadurch entstehen jedoch Konflikte, die sich nur durch eine langfristige Therapie beheben lassen. Um einen bloßen Verzicht auf die Technik kann es sich schon deshalb nicht handeln, weil viele Lebenserscheinungen so stark in Mitleidenschaft gezogen wurden, daß sie auch weiterhin bedroht bleiben, falls wir uns nicht zu einer aktiven Hilfeleistung entschließen können.

Direkte positive Erfahrungen mit der zu schützenden und zu pflegenden Natur sind äußerst wichtig. Wir eignen uns dabei Fähigkeiten des Begrenzens, des Ordnens und des Aufbauens an, die wir auf zukünftige Entwicklungen anwenden können.

Wir dürfen die Erde aber nicht immer nur zu unserem Nutzen ausbeuten. Es gilt, das in der Natur Wirkende zu erkennen und in ihrem Sinne weiterzuführen. Nicht lediglich um eine Erhaltung handelt es sich. Unsere Verantwortung ist umfassender.

Bisher war die Natur das Selbstverständliche. Sie hat sich uns geschenkt. Nun wird sie immer mehr zur Aufgabe. Es muß sich zeigen, ob wir sie genügend kennengelernt haben, um den tätigen Pol in ihr aufzugreifen.

Unser Erkennen ist in der jetzigen Umweltkrise weltweit gefordert und muß sich bewähren. Alles, was wir an der Natur erfahren, kann zur Basis werden für ein Mitschaffen und Umgestalten. Die entstandenen Schäden können den Anstoß abgeben für ein ununterbrochenes Streben zur Gesundung der Erde. Nichts ist verloren, solange wir selbst erneuerungsfähig bleiben.

Die Technik als »Unternatur«

In unserer Zeit haben die meisten Menschen viel mehr mit der Technik als mit der natürlichen Welt zu tun. Die Natur verweist uns, wie eben ausgeführt, wenn wir ihre rhythmischen Veränderungen im Laufe eines Jahres bewußt verfolgen, auf die Zusammenhänge zwischen Erde und Kosmos. Die Technik dagegen ist nicht das Ergebnis kosmischen Werdens – ihr Ursprung liegt in der Freiheit des Menschen. Wir haben uns durch die Technik eine gewisse Eigenständigkeit innerhalb des Kosmos erobert. Schon jetzt droht sie uns jedoch von allem Lebendigen abzuschneiden, wenn sie wie bisher immer mehr zunimmt.

Das Technische ist nicht gewachsen, sondern gemacht. Die technischen Erfindungen sollten ursprünglich helfen, uns von den natürlichen Abhängigkeiten zu lösen. Besonders einsichtig wird dies am Beispiel der modernen Verkehrsmittel, durch die wir räumliche Entfernungen weitaus schneller überwinden können, als dies dem Leib allein möglich wäre. Heute ist allerdings zu befürchten, daß sich die ursprünglichen Intentionen in ihr Gegenteil verkehren und der Mensch sich selbst letztlich neue Zwänge schafft, indem er allmählich von den Maschinen abhängig wird. Um die Freiheit zu bewahren, müssen wir auf unsere Eigenständigkeit gerade auch gegenüber der Technik besonders achten.

Die Technik soll Mittel unserer Entwicklung sein, nicht umgekehrt. Die Gefahr, daß die Technik eine eigene Dynamik entwickelt und der menschlichen Kontrolle entgleitet, ist unverkennbar. Die zunehmende Technisierung löst uns außerdem immer mehr aus den Naturzusammenhängen heraus.

Richtig, das heißt im Sinne der ursprünglichen Intentionen angewendet, kann uns die Technik übermäßige körperliche Anstrengungen abnehmen und zugleich die innere Entwicklung unseres Wesens fördern. Mit den modernen Verkehrsmitteln ist es einfach geworden, auch an entfernte Orte zu gelangen, so daß sich uns viel öfter die Gelegenheit bietet, andere Menschen zu treffen. Solche Begegnungen wirken sich positiv auf unsere eigene seelische Entfaltung aus. Sehr oft allerdings wird diese Chance einer menschlichen Nutzung der Technik vertan. Wenn wir die mit den Verkehrsmitteln gewonnene Zeit nicht ausnützen, um Umwelt und Mitmenschen besser kennenzulernen, treten die positiven Seiten der Technik immer mehr in den Hintergrund. Wo wir uns nur noch per Automobil fortbewegen, sind alle Begegnungen von hektischer Flüchtigkeit erfüllt, und wir laufen Gefahr, daß unser Bewegungsorganismus durch die langen Fahrten mechanisiert wird. Wir selbst werden dann immer träger. Dadurch können alle sozialen Kontakte und sogar das Sprechen negativ beeinflußt werden. Mit der körperlichen schwindet sehr leicht auch die innere Lebendigkeit und macht einer bequemen Geistlosigkeit Platz.

Nach einer langen Periode nahezu uneingeschränkter Fortschrittsgläubigkeit setzt sich angesichts dieser Zukunftsperspektiven allmählich die Erkenntnis durch, daß die Weiterentwicklung der Technik nicht in jedem Fall auch einen Fortschritt für die Menschheit bedeutet. Wir sollten uns allerdings davor hüten, die Technik in Bausch und Bogen zu verdammen. Dies kann nicht unser Ziel sein. Auch genügt es nicht, ein allgemeines Urteil über die Technik zu fällen. Es läßt sich aufzeigen, welche Tendenzen und Gefahren bestehen. Aufgrund des jeweils unterschiedlichen persönlichen Standortes wird jeder den Wert der Technik anders beurteilen. Stets ist jedoch von entscheidender Bedeutung, welche Wirkungen auf uns selbst und auf unsere Mitmenschen ausgehen.

Über die Sinne beobachten wir Veränderungen in der Umwelt. Jene Veränderungen, die im Zuge der Technisierung hinzugekommen sind, erweisen sich in vielen Fällen bereits als dominierend. Unsere Seele leidet unter allen Übertreibungen, so daß technische Neuerungen für uns nicht selten eine enorme Belastung bedeuten und konzentriertes geistiges Arbeiten verhindern oder gar unsere Gesundheit schädigen. Die Unruhe, von der zunächst vielleicht nur bestimmte Individuen erfaßt werden, greift wie eine Epidemie auf die Mitmenschen über.

Durch eine Überfülle an Technik schaffen wir die Seele ab. Was im Einzelfall brauchbar sein könnte, führt bei unkontrolliertem Anwachsen zur Katastrophe. Das zeigt sich zum Beispiel im städtischen Straßenverkehr, wo der Fußgänger sich ständig angegriffen fühlen und letztlich dem Automobil unterordnen muß. Entsprechendes gilt für viele andere Bereiche: Zuerst werden die Sinne übertölpelt; in der Konsequenz passen sich schließlich fast alle dem Diktat der technischen Geräte an.

Sobald die Technik für den Einzelmenschen kaum mehr überschaubare Ausmaße annimmt, sind die Ausgangsbedingungen nicht mehr zu erkennen. Um zu verhindern, daß sie sich durch diese Loslösung gegen die Erde und ihre Bewohner richtet, muß all unser Tun von einem desto wacheren Bewußtsein begleitet sein. Versäumen oder scheuen wir die persönlichen Anstrengungen, rächt sich dies in einer Niederziehung der Seelen und in einer Mechanisierung des Sozialen.

Der lebendigen Natur gegenüber bedeutet die Technik einen Rückschritt. Sie steht dem Toten näher und gewinnt von da aus ihre Macht. Die Anthroposophie spricht in diesem Zusammenhang von »Unternatur« (vergleiche Rudolf Steiner: *Anthroposophische Leitsätze*). Dieser Begriff soll ausdrücken, daß die Technik nichts Organisches ist, son-

114

dern einen Bereich in unserem Leben darstellt, der unter die Natur abfällt.

Die »Unternatur« unserer Umwelt verlangt nach einem desto bewußteren Ausgleich in uns. Dieser kann als »Übernatur« bezeichnet werden, weil wir ihn nicht fertig, als selbstverständlichen Teil unserer »Natur«, mitbringen, sondern ihn in eigener Verantwortung auszubilden haben. Ohne zusätzliche innere Anstrengung können wir uns gegen die technische Unternatur nicht behaupten, vielmehr verdrängt sie uns mit ihrer Gewalt, wenn wir ihr nicht bewußt begegnen.

Wollen wir uns mit der Technik und ihren Produkten erfolgreich auseinandersetzen – und es ist höchste Zeit, daß wir dies tun –, genügt es nicht, ihr mit den überlieferten Mitteln und Fähigkeiten zu begegnen. Das unternatürliche Wesen der Maschinen und Apparate läßt sich nicht mit jenen Seelenqualitäten durchschauen und lenken, die wir an der gewohnten, natürlichen Sinneswelt ausbilden. Es wird von uns eine bewußtere Erkenntnisleistung verlangt, welche die möglichen Folgen des Handelns im voraus erwägt. Unser Denken darf sich nicht nur in vorgegebenen Bahnen bewegen und sich vor allen Dingen nicht den Gesetzen der Mechanik unterwerfen. Wir können uns geistig vorstellen, was am eigenen Verhalten falsch ist, also zu ändern wäre.

Zunächst müssen wir erkennen, daß von der Technik eine gewisse Faszination und damit eine Beeinflussung ausgeht. Technische Erfindungen gestatten vielfach den Zugang zu Gebieten, die uns zuvor verschlossen waren. Auf diese Weise werden jedoch immer neue Wünsche geweckt, so daß sich der Mechanisierungswahn in der Folge wie eine Sucht ausbreitet und wir sehr bald, ohne es zu merken, Sklaven der Technik sind. Dies können wir nur verhindern, wenn wir lernen, unsere Seele zu mäßigen. Anstatt uns selbst auf das Niveau von toten Maschinen hinabzubegeben, könnten wir kraft unseres Geistes zur Regulierung des Reiches der Mechanismen und Apparate beitragen. Nur wenn wir alle unsere geistigen Anlagen aktivieren, kann es gelingen, die völlige Mechanisierung des Lebens zu verhindern.

Die gegenwärtige Macht der Technik hält viele Menschen vom Ringen um eine Übernatur ab. Sie sind von den Möglichkeiten der Technik gefesselt und vergessen darüber vollkommen ihr eigenes Wesen. In einer solchermaßen von Maschinen korrumpierten Welt ist es von großer Wichtigkeit, daß uns in Erinnerung gerufen wird, wie wichtig für jeden einzelnen geistige Unabhängigkeit ist. Die Zahl derer, die in ihrem Innern noch unbeeinflußt geblieben sind von der alle Gesellschaftsbereiche durchdringenden Mechanisierung, ist sicher nicht groß. Von solchen Individuen gehen aber Impulse aus, die unentbehrlich sind für das Überleben der ganzen Menschheit.

Die Technik eroberte ihren Einfluß durch Verdrängungen und Verletzungen der Natur. Nimmt ihre Ausbreitung in Zukunft so rapide zu wie bisher, ist das Überleben der Menschheit auf der Erde in Frage gestellt. Wir sind der Entwicklung jedoch nicht ausgeliefert, sondern beeinflussen die Welt mit unserem Denken und Handeln. Alles Gegenwärtige dient der Überbrückung zur Zukunft. Darin ist unser Risiko, aber auch unsere Hoffnung begründet. Jeder von uns kann dazu beitragen, daß auf der Welt ein sozialer Organismus entsteht, in dem die Menschheit mit der Natur und mit dem Geist in Einklang lebt. Im Blick auf dieses Ziel darf uns die Technik nicht gleichgültig sein. Ihre Entwicklung zeigt uns, ob wir uns diesem Ziel nähern oder uns immer weiter von ihm entfernen. Eine verstärkte Ausbildung unserer Seele und unseres Geistes kann auf alle Fälle helfen, die technische Unternatur in Schranken zu halten und auf eine angemessenere Umgebung hinzuarbeiten.

Mit dem Denken lockern wir uns von der Erde und gestalten an einem neuen Weltenkörper. Jegliche Entartung der Umwelt weist hin auf einen Mangel im Denken. Wir alle bestimmen darüber, wie die Menschheit weiterschreitet. Im Vergleich der Gegenwart mit dem angestrebten höheren Menschheitszustand können wir unsere Verirrungen sowohl im Erkennen als auch im Handeln durchschauen und korrigieren.

Das Vordringen der untersinnlichen Kräfte

Die bei vielen erkennbare Auffassung, daß der Mensch vor allem da sei, um Automaten zu bedienen und von ihnen bedient zu werden, muß vor allem im Zusammenhang mit der enormen Bedeutung der Elektrizität im täglichen Leben gesehen werden: Wir drücken auf ein paar Knöpfe, den Rest erledigt die Maschine. Es gibt Apparate, welche die kompliziertesten Rechnungen und Steuerungen blitzschnell durchführen. Es ist zu befürchten, daß viele bald nichts mehr ohne die Automaten vollbringen können. Wir gewöhnen uns so an die maschinelle Ausführung, daß die eigenen Fähigkeiten nachlassen. Das menschliche Fortschreiten wird einseitig und von uns identifiziert mit einer Perfektionierung der Technik. Diese scheint sich aber fast an unserer Stelle weiterzuentwickeln. Wir haben die größten Anstrengungen in Bereiche investiert, in denen uns die eigene Stellung streitig gemacht wird. Durch die sich verselbständigenden Automaten droht uns jene Freiheit wieder geraubt zu werden, die wir durch die in ihren maßgeblichen Vorgängen immerhin noch sinnlich erfaßbare mechanische Technik erobert haben. Eine Umgestaltung der Maschinenwelt vollzieht sich mittels elektrischer und magnetischer Kräfte, die uns nicht lediglich entlastet, sondern vielfach überfordert. Es werden dem Menschen nicht nur körperliche Arbeiten abgenommen. Geistige Anstrengungen sind oft unnötig und entfallen – man nehme als Beispiel nur den Taschenrechner –, was uns innerlich eher schwächt.

Elektrische Geräte können menschliche Entwicklungen verhindern. Das gilt für manche technische Spielerei, die zunächst aus purer erfinderischer Neugier entworfen wurde, aber am Ende die menschliche Zuwendung zu verdrängen droht, wie etwa der geplante, die Pfleger »entlastende« Krankenhausroboter.

Ein elektrischer Apparat scheint von einer verborgenen Hand bewegt zu werden. Es sind Kräfte tätig, die Lebensprozesse imitieren, inzwischen sogar Lautäußerungen. Der Unterschied ist, daß sie einzig den Abbau und keine eigene

Erneuerung kennen. Diese müssen wir dann ersetzen: über die Stromversorgung. Je mehr Geräte wir gebrauchen, um so größer ist der Stromverbrauch und damit auch die Umweltbelastung. Auch unsere eigene Gereiztheit steigt mit der Zunahme der Zahl der elektrischen Geräte. Durch zuviel Elektrizität in unserer Umgebung wächst die unsichtbare Spannung, und die Anfälligkeit für Streitigkeiten kann sich erhöhen. Ein Zeichen dafür ist die Nervosität: Unsere Seele scheint in ständige Erregtheit versetzt.

Die wundersame Macht der Elektrizität läßt sich an jedem Lichtschalter erfahren. Die künstliche Beleuchtung läßt sich auf Befehl herstellen, was mancherlei Bequemlichkeit zur Folge hat. Doch wenn dies dazu führt, daß man immer öfter fast fensterlose Gebäude baut, in denen elektrisches Licht die Tageshelle ersetzt, muß gefragt werden, ob hier der Mensch nicht von der Abbauwirkung bereits übermannt ist. Es gibt schon Individuen, die kaum noch lesen oder konzentriert arbeiten können, wenn nicht ein künstliches Licht angeschaltet ist. Fühlen sie sich von der Elektrizität wie mitgezogen? Sie dürfen sich jedenfalls nicht wundern, wenn sie mit der Zeit zu natürlichen Sinnesempfindungen überhaupt nicht mehr fähig sind – und ihre Abhängigkeit von automatenhaftem Dirigismus immer größer wird.

Könnte es sein, daß man mit dem oft sehr aufdringlichen elektrischen Licht Schattenhaftes in sich überlagern will? Man nimmt sich selbst weniger wahr, was speziell die unteren Leibessinne betrifft. Im Grunde soll wohl das eigene Gestörtsein durch die übertriebene Technisierung verdeckt werden. Das rächt sich im nachhinein jedoch durch eine desto stärkere Entfremdung von Mensch und Natur, und es führt in der Folge zu immer noch mehr Künstlichkeiten.

Gerade am Beispiel des elektrischen Lichtes läßt sich verdeutlichen, wie eine im Grunde positive und sinnvolle technische Erfindung sich in ihr Gegenteil verkehren kann. Das Licht gewöhnlicher Glühlampen imitiert die Tageshelle und kann diese – wenn es dunkel wird – teilweise ersetzen. Durch Leuchtstofflampen soll das Tageslicht noch übertroffen werden. Ihr grelles Licht bedeutet einen Angriff auf unsere Augen und keine Erleichterung. Ein sensibler Mensch empfindet den Unterschied zwischen dem Licht einer Glühlampe und dem einer Leuchtstofflampe genauso stark wie den zwischen einer leichten Berührung und einer Ohrfeige. Wie unangenehm sich Leuchtstoffröhrenlicht auf unser ganzes Wesen auswirkt, kann jeder bestätigen, der sich einmal längere Zeit in einem Raum aufhalten mußte, der nur von solchen Lampen beleuchtet wurde. Das von ihnen verbreitete Licht dringt wie scharfe Stiche auf unsere Augen ein; die Sinne sind nach einiger Zeit wie ausgebrannt. Da beinahe jeder Winkel im Raum ausgeleuchtet wird und alle äußeren Abschattungen, durch die sich das Auge normalerweise erholen kann, wegfallen, läßt solches Licht den Blick nicht zur Ruhe kommen, sondern zieht ihn in eine nervöse Hektik hinein. Es entsteht eine Spannung, die uns völlig ergreift. Schließlich folgt jedoch eine Mattigkeit, die sich nicht nur auf die Augen beschränkt, sondern unser gesamtes Lebensgefühl beeinträchtigt. Die Seele wird darüber hinaus durch die Flut an Künstlichkeit richtiggehend ausgezehrt.

Ist das Glühlampenlicht also noch als sanft zu bezeichnen, so erzeugt das grelle Licht der Leuchtstofflampen eine entstellende, lebensfeindliche Überhelle, die eine Beleidigung des Sehens darstellt und uns auf die Dauer fast reaktionsunfähig macht. Es soll extrem hell sein – und gerade dadurch vereitelt man das Sehen. In Kunstgalerien, die mit Leuchtstoffröhren ausgestattet sind, kann dies jeder selbst erfahren. Das stille Anschauen der Ausstellungsstücke ist unmöglich. Der Blick wirkt ziellos und gejagt. Er ist überblendet. Die Leuchtstofflampen schieben sich mit ihrer attackierenden Stärke vor alles Sichtbare hin. Wir bekommen keine gründlicheren Einblicke in die Welt, sondern oberflächlichere.

Als verhängnisvoll kann sich das Kostenargument erweisen. Weil der Verbrauch an elektrischem Strom geringer ist, meint man, Vorzüge zu genießen. Dies ist nicht weniger gefährlich als auf Kosten der Qualität vorgenommene Verbilligung bei Nahrungsmitteln. So kaufen wir uns oft die Gifte ein.

Hier ist es empfehlenswert, den Begriff der untersinnlichen Kräfte einzuführen. Zu ihnen gehören Elektrizität, Magnetismus und Radioaktivität. Diese entziehen sich der Sinneswahrnehmung, sind aber von physischen Faktoren abhängig – im Gegensatz zu den vom Materiellen losgelösten, übersinnlich-geistigen Kräften. Insofern stehen sie nicht über dem Sinnlichen, sondern diesem zur Verfügung, können es aber auch durch Übersteigerung zerstören (näher behandelt in dem Buch des Verfassers: *Okkulte Umweltfragen – Zur Urteilsbildung gegenüber der Unternatur und den untersinnlichen Kräften*, Wies/Südschwarzwald 1982).

Mit dem künstlichen Licht haben wir ein einfaches Beispiel für die Wirkung dieser Kräfte. Die für uns sinnlich nicht wahrnehmbare Elektrizität holt ins Irdische herein, was sich uns sonst entzieht. Für die Erzeugung der erforderlichen Spannungen sind entweder chemische Umsetzungen nötig (Prinzip der Batterie) oder aber magnetische Bewegungen wie beim Generator im Kraftwerk. Letzteres wiederum zeigt, daß der Magnetismus eine weitere Abstufung innerhalb der untersinnlichen Kräfte ist. Einerseits läßt sich mit ihm Elektrizität erzeugen. Andererseits gewinnt das Elektrische mehr Selbständigkeit, wie es die Funktechnik bestätigt, die ein Senden und Empfangen über materielle Distanzen hinweg erlaubt. So können wir etwa ein Modellflugzeug steuern, das unseren Befehlen folgt. Die elektromagnetische Übertragung nehmen wir nicht direkt wahr, aber ihre Auswirkung.

Beim Tonbandgerät zeigt sich, daß sich der Magnetismus den Bereich des Hörbaren unterwerfen kann – wie die Elektrizität eher den des Sichtbaren. Über das Mikrofon verschwindet sozusagen das Wort ins für uns Nichtwahrnehmbare hinein, um sich dann einer mechanischen Wiedergeburt zu unterziehen.

Eine noch weit mächtigere Stufe der untersinnlichen Kräfte erfaßt nicht nur das Licht und den Ton, sondern alle

Bereiche der organischen Welt. Diese dritte Stufe kommt in der Radioaktivität zum Vorschein. Sie kann bei technischer Anwendung höchst gefährlich werden. Durch sie kann die gesamte Schöpfung niederen Kräften unterworfen werden: Die Materie zerfällt – in vernichtender Strahlung.

Die Radioaktivität verdrängt, wenn sie in geballter Form freigesetzt wird, alles Leben, ohne daß dies rückgängig gemacht werden kann. Ihre vernichtende Wirkung kann nur ermessen, wer sich nicht durch vordergründige Interessen leiten läßt, sondern sich an der organischen Ganzheit des Irdischen orientiert. Die Frage von Bau und Einsatz der Atomwaffen läuft so auf eine Entscheidung für oder wider die Menschheit hinaus.

Wir besitzen kein direktes physisches Maß für die Radioaktivität, sondern einzig für den Schaden, den sie innerhalb von Lebenszusammenhängen verursacht. Daran läßt sich der Grad ihrer Bedrohlichkeit und jede Steigerung ablesen. Nachdem bekannt wurde, daß allein ein bis zwei Prozent des künstlich hervorgebrachten Plutoniums bei der Verarbeitung – für Atomkraftwerke oder Waffen – verschwinden, können wir vielleicht erahnen, welche Gefahren von diesem »besten« Krebserzeuger ausgehen.

Durch die Atomenergie als der technischen Anwendung von Radioaktivität wird die Materie nicht menschlich, sondern zu völlig lebensfeindlichen Zwecken genutzt. Mit den in der atomaren Industrie anfallenden Rückständen dürfen wir in keinerlei Berührung treten. Der Sinnesbezug ist also negiert.

Man spricht fälschlicherweise von einem »Sternenfeuer«, das nun auf der Erde entfacht worden sei. Die Realität der Atomenergie und der Atombomben gleicht eher einer Höllenglut, die wir durch die verkehrte Behandlung der Stoffe schüren. Radioaktivität wird immer umstritten bleiben. Sie ist der größte Streitfall in dieser Welt und weicht am meisten ab von dem, wozu wir uns entwickeln sollten.

Während der Streit weitergeht, werden Atomenergie und Angst immer identischer. Wir bringen uns ein weltweites Fürchten bei. Durch uns sind Kräfte eingefangen worden, die sich unerbittlich austoben müssen, wenn wir sie loslassen.

Vorsicht oder Verzicht gegenüber den untersinnlichen Kräften wären allerdings nicht nur bei der Radioaktivität angebracht, sondern schon früher, zum Beispiel bei der Aufheizung des Essens mittels elektromagnetischer Wellen (sogenannter Mikrowellen). Dabei vollzieht sich keine allmähliche Erwärmung, wie auf der üblichen Kochplatte. Die Strahlung prallt direkt mit der Nahrung zusammen. Man hat keinen verwandelnden Prozeß vor sich, der das Stoffliche durchdringt, vielmehr einen künstlichen Hitzestoß. Auf solche Art zubereitete Speisen sind besonders schwer verdaulich. Das sollten wir eigentlich mit dem Lebenssinn oder teilweise auch mit dem Geschmackssinn und dem Wärmesinn erkennen; mangelnde Aufmerksamkeit hindert uns jedoch oft daran. Im Unterscheiden solcher Qualitäten sind wir noch sehr ungebildet, sollten uns aber um so mehr darin üben. Ein großer Einschnitt liegt bereits dort, wo das Heizen oder das Kochen nicht über sinnliche Verbrennungsvorgänge (Holz, Kohle, Gas, Öl), sondern über ein Einwirken der Elektrizität betrieben wird. Eine noch massivere Änderung aber ist zu verspüren, wenn ein gewaltsames Hineinjagen von elektromagnetischen Strahlungen (Mikrowellen) stattfindet.

Wo untersinnliche Kräfte am Werke sind, werden wir mit Verdunkelndem, Einengendem und Aufsaugendem konfrontiert. Die entscheidenden Vorgänge entziehen sich unserer Wahrnehmung, weil sie beispielsweise in einer Datenverarbeitungsanlage getrennt von unserem Bewußtsein ablaufen. Beschäftigen wir uns einzig mit solchen Geräten, entwickelt sich unser eigenes Wesen zurück. Wir bewältigen immer weniger, was wir bedienen.

Eine Wissenschaft, die nur das Untersinnliche kennt, entzieht sich jedoch selbst den Boden. Sie vermag ihren Gegenstand häufig nicht einmal beim Namen zu nennen. Es ist zwar von allerlei Strahlen oder Teilchen die Rede, doch sind dies lediglich Hilfskonstruktionen, die nur in Form von Daten und Modellen aus der Realität abgeleitet werden und diese immer verkürzen. Dabei fehlt allzu häufig das Bewußtsein, daß wir mit dem Untersinnlichen die Natur zersprengen können. Wir vergessen, daß es das Sichtbare aufzulösen, aber nicht zu schaffen vermag. Das Untersinnliche bedeutet etwas Erstarrtes oder Sterbendes. Dies gilt insbesondere für die Kräfte des Magnetismus und der Radioaktivität. Letztere ist der Gegenpol zu allem, was uns Sicherheit im Leben verleihen kann.

Das Untersinnliche steht dem Vergänglichen in der Natur nahe. Seine Wirkungsweise ist den Prozessen vergleichbar, die beim Menschen die körperliche Alterung hervorrufen. Ähnlich wie der Mensch sich durch Überanstrengungen verausgaben kann, droht das Untersinnliche bei übertriebener Technisierung das Ende alles Irdischen zu beschleunigen.

Einem Vergehen der irdischen Welt können wir nicht ausweichen. Wir sollten uns diesen abbauenden Wirkungen jedoch auch nicht zwangshaft ausliefern, vielmehr uns bewußt machen, daß die eigene Entwicklungsrichtung den herabziehenden Tendenzen entgegengerichtet sein müßte. Dazu benötigen wir eine geistige Orientierung, die über alles Niederbrechende hinausragt.

Auch wenn das Äußere brüchiger wird, muß uns dies nicht zur Verzweiflung bringen. Wir können uns bemühen, dasjenige geistig zu pflegen, was keiner materiellen Auslöschung unterworfen ist. Dann pflegen wir den Keim zu einer neuen Welt in der eigenen Seele.

Die physische Erde befindet sich auf einem schwächer gewordenen Ast. Dies muß aber keinesfalls für das gelten, was wir selbst mit einer gemäßigten, auch sanft genannten Technik leisten. Im Blick auf unsere Kinder ist es wichtig, daß wir immer verantwortlich mit dem Materiellen umgehen, um uns zusammen mit der Umwelt positiv weiterzubilden. Ohne geistig gestärktes Bewußtsein läßt sich jedoch kein irdisches Leben gestalten. Sonst scheitern wir am Mißbrauch der untersinnlichen Kräfte und sägen den Ast vorzeitig ab, an dem wir alle hängen.

Das moderne Medienwesen mit Telefon, Rundfunk, Fernsehen und verschiedenen Aufzeichnungsgeräten ist ein Ergebnis des immer weiter perfektionierten Zusammenwirkens von Elektrizität und Magnetismus. Ein schattenhaftes Netz mit Sendetürmen und Satelliten ist über die Erde gespannt und soll ermöglichen, daß jeder jederzeit und überall mit jedem kommunizieren kann. Heute gibt es kaum noch einen Fleck, an dem wir uns nicht mit wenig Aufwand umfassend informieren können.

Wir nehmen durch die Medien vieles wahr, ohne wirklich dabei zu sein: Die Schatten der Ereignisse kommen zu uns. Das ermüdet jedoch die Sinne, und die Müdigkeit überträgt sich allmählich auf die Seele. Die Phantasie droht durch das Empfangen technischer Bilder zu verkümmern. Wir werden dadurch abhängig von dem, was andere auswählen. In seinem Buch *Schafft das Fernsehen ab!* warnt Jerry Mander deshalb ganz richtig vor einer »Enteignung der Erfahrung«. Diese Gefahr geht allerdings nicht nur vom Fernsehen, sondern von allen Medien aus. Sie vermitteln uns eingeengte Erfahrungen anderer, können aber unsere persönliche Begegnung mit der Umwelt und den Mitmenschen nie ersetzen. Wenn der Mediengebrauch zunimmt, bedeutet dies somit, daß immer mehr Menschen immer größere Bereiche der Wirklichkeit sozusagen nur über Ersatzwahrnehmungen kennen. Wir treffen nicht auf die Realität des Gesehenen oder Gehörten, sondern auf Nachbilder und Nachklänge. Das ist besonders schlimm bei Kindern, die vielfach schon einen größeren Teil ihrer Zeit vor dem Bildschirm verbringen. Nach der Muttermilch folgt sozusagen die Medienbrühe, die das Kind jedoch seelisch vergewaltigt, weil es sie gar nicht verarbeiten kann, denn ihm fehlen zum Vergleich die eigenen Eindrücke.

Der künstlichen Bilderwelt widmen viele schon mehr Zeit als den anderen Menschen. Dies leistet der geistigen Manipulation Vorschub, weshalb nicht oft genug gefordert werden kann, daß Ausgangspunkt für jegliches Urteil die persönliche Erfahrung und der Austausch mit möglichst unterschiedlichen Interessenrichtungen sein sollten.

Wie sehr die Sinneswahrnehmungen selbst durch die Medientechnik reduziert werden, hat Jerry Mander in dem obengenannten Buch am Beispiel des Fernsehens treffend beschrieben:

»In der Welt außerhalb der Medien bewegen sich die Augen nahezu ununterbrochen, sie suchen und wandern. Die Augen gehören zu den ›Fühlern‹ des Menschen – sie sind eine der wichtigsten Brücken zur Welt, stehen dauernd in Kontakt mit ihr und studieren sie.

Wenn man jedoch fernsieht, tritt neben der Nichtbewegung der Augäpfel zusätzlich ein Einfrieren der Scharfstellung ein. Das Auge bleibt in einer festen Entfernung zu dem Objekt, das es beobachtet, und zwar länger als in jeder anderen menschlichen Wahrnehmungssituation.

Wie untätig die Augen beim Fernsehen auch sind, sie sind im Vergleich zu anderen Sinnen noch vergleichsweise am wachsten. Die Geräusche sind auf das begrenzt, was aus dem äußerst schmalen Klangbereich des Fernsehlautsprechers quillt, während Geruchs-, Geschmacks- und Tastsinn völlig ausgeschaltet sind.«

Das Sehen muß sich beim Fernsehen also größte Zwänge auferlegen und jedes sonst übliche Herumschweifen im Raum unterdrücken. Jede Bewegung wird uns durch die Fernsehkamera abgenommen. Außerdem sind wir zur Einäugigkeit verurteilt, während sonst bereits die Zweiheit der Augen wichtige Unterscheidungen gestattet.

Die Kamera ist anstelle unserer Augen tätig. Wir sehen alles indirekt, können nicht selbst auswählen und nicht nach Belieben ein Bild genauer betrachten. Die Fremdbeeinflussung bewirkt, daß wir von ihr wie entrückt, in eine Art hypnotischen Zustand versetzt werden. Außer dem Fernsehgeschehen bemerken die Zuschauer nichts mehr um sich herum.

Beim Telefonieren leiten wir immerhin wieder etwas zurück. Wir isolieren die Sprache aber aus dem lebendigen Zusammenhang der sonst üblichen Gesprächssituation und geben uns einem untersinnlichen Begegnungsersatz hin. Wohl werden viele intellektuelle Informationen fast störungsfrei ausgetauscht – eventuell sogar deswegen, weil die Seelen auf Distanz sind. Es ist jedoch keine tiefere Begegnung durch die technische Überbrückung möglich. Das wirkliche Ich bleibt unwahrnehmbar. Was wir ihm gegenüber an Gefühlen ausdrücken, erfährt keine echte Erwiderung.

Das Telefon kennt außerdem keine Rücksichtnahme, wie sie im sinnlichen Kontakt selbstverständlich wäre. Sein Geklingel reißt uns auf tyrannische Art aus den wertvollsten Gesprächen heraus und beansprucht unsere Aufmerksamkeit. Ein Anruf kann eine beleidigende Störung bedeuten, ohne daß dies am anderen Ende der Leitung bemerkt wird. Man meint, einen Mitmenschen ganz für sich zu haben. Die Umgebung, der dieser vielleicht gerade zur Verfügung stehen sollte, ist ausgeklammert.

Wir nehmen es hin, andere zu belästigen, wenn wir nicht lernen, das Telefon nur zu benutzen, wenn es wegen wichtiger Benachrichtigungen unvermeidlich erscheint. Sonst sollten wir lieber eine persönliche Begegnung abwarten oder sie fördern. Häufig ist auch ein Brief angebrachter – und höflicher. Gerade weil das Telefon mit seinem Geklingel nicht wartet, müssen wir uns mehr der Tugend des Schreibens befleißigen. Dann können wir die Verwendung technischer Anlagen sinnvoll einschränken. Mancher unüberlegte Anruf würde sich erübrigen. Wir hätten schließlich mehr Zeit für die persönlichen Kontakte.

Eine Tugend, die den Einsatz aufdringlicher Mikrofonverstärkung durch Lautsprecher verhindern könnte, ist die Bescheidenheit. Wo Menschengruppen von unserem Wort nicht erreicht werden, haben sie entweder eine Größe, die sich individuell nicht überschauen läßt, oder wir befinden uns an Orten, die kein ruhiges Zuhören gestatten. In beiden Fällen ist Zurückhaltung angebracht. Dadurch verhüten wir unkontrollierbare Verführungen – und vergebliche Reden.

Über Mikrofon gesprochene Reden sind schwer zu verstehen. Das Mikrofon verändert die Stimme, und das Sprechen erscheint ruckartiger. Die Äußerungen wirken wie zerhackt. Je lauter außerdem die Worte übertragen werden, um so mehr kann sich unsere Seele verletzt fühlen.

Bei den Zuhörern bewirkt die elektronische Verstärkung keine gesteigerte Aufmerksamkeit, sondern eher größere Disziplinlosigkeit. Ein dauerndes Gemurmel sowie fortwährendes Kommen und Gehen begleiten viele Lautsprecherveranstaltungen. Dies dehnt sich schnell auf andere Zusammenkünfte aus, so daß wegen dieser schlechten Gewohnheiten auch dort bald nach dem Mikrofon gerufen wird – weil die sprachliche Wahrnehmung durch die Unruhe im Raum behindert ist.

In der Welt des direkten Hörens kann sich unsere Seele frei bewegen. Dagegen wird sie sich bei elektronischer Übertragung eingeschnürt empfinden. Diese will uns eher gefangennehmen. Oft kommt die verstärkte Lautsprecherstimme aus einer Richtung, die nicht dem Standort des Redenden entspricht. Auge und Ohr sind dann wie zerrissen. Eine Spaltung in uns und zwischen uns wird erzeugt.

Mit dem Mikrofon zielen wir im übrigen am Ich vorbei. Der Sprecher kann nicht jeden einzelnen Zuhörer wahrnehmen, das Individuum wird übergangen. Es ist kein Wunder, wenn es dann zu Verständnisschwierigkeiten kommt. Führt dies wiederum dazu, daß noch mehr elektronische Lautsprecher eingesetzt werden, machen wir auch hier aus der Untugend ein System. Man fördert Massenmedien – anstatt das Gespräch im kleinen Kreis.

Viele Menschen, die vor dem Mikrofon oder durch andere Medien große Erfolge erreichten, enttäuschen bei direkter Bekanntschaft. Sie haben offenbar ihre Seele so sehr an die Technik ausgeliefert, daß sie ohne deren Unterstützung recht kläglich vor uns stehen und kaum noch kleinere Gruppen beeindrucken können.

Wer ein Hörgerät benutzen muß, hat ein ständiges Mikrofonanreden über sich ergehen zu lassen. Dies erschwert es, Besonderheiten zu erlauschen. Alles wird im selben Grade hervorgehoben, auch nebensächliche Geräusche. Das kommt beim lebendigen Ohr niemals vor. Es gestaltet im Wahrnehmen mit und kann auswählen beziehungsweise über vieles hinweghören.

Eine Brille erfüllt demgegenüber ihren Zweck viel besser. Sie kann das Sehen ergänzen oder korrigieren. Für ein Hörgerät gilt dies nicht in gleicher Weise. Eine Eigentätigkeit des Gerätes tritt hinzu und stört die Wahrnehmung. Der Schutz unserer Ohren vor Überforderung durch Lärm ist also besonders wichtig, damit wir später nicht die technische Nivellierung in Kauf nehmen müssen. Es soll allerdings noch angemerkt werden, daß wir viel weniger auf die elektronische Lautverstärkung angewiesen sind, wenn jeder sich bemüht, klar und deutlich zu sprechen.

Eine Nivellierung des Wahrnehmens wird auch durch jene künstliche Geräuschkulisse verursacht, die den Hintergrund von zahlreichen Begegnungsorten und Veranstaltungen bildet. Um eine möglicherweise sich öffnende innere Leere abzudecken, erfolgt die Berieselung durch Radio, Magnetband oder Schallplatte. Man meint, davon seelisch getragen zu werden. In Wirklichkeit wird unsere Seele durch solche Kulissengeräusche aber abgelenkt. Sie hüllt sich in Scheinsicherheiten, welche automatenhaften Charakter annehmen. Ihre Leere gähnt dahinter desto stärker.

Beim Magnetband oder der Schallplatte wird nämlich konserviert, was sich von einem schöpferischen Quell abzweigen läßt. Die elektronische Aufnahme erzeugt eine künstliche Existenz. Wer sich genau beobachtet, könnte bemerken, daß sich unser Wesen von einer technischen Wiedergabe nur oberflächlich angesprochen fühlt. Deshalb kommt es zu Erscheinungen, die bei einem Konzert niemals auftreten. Man hört das ergreifendste Werk zur bloßen Zerstreuung. Das bestätigt, daß wir in den Seelentiefen gar nicht berührt sind.

Die Medien lassen sich so bequem konsumieren, weil sie der Tiefe ermangeln. Unser Inneres bleibt jedoch in wachsender Trägheit zurück. Die äußerlichen Eindrücke vervielfältigen sich, doch die Seele wird immer phlegmatischer. Dies begünstigt eine pessimistische Einstellung, die nur sieht, wie die Welt sich unserem Eingreifen entzieht.

Diese Haltung machen die Medien zum Prinzip. Wer zuviel mit ihnen umgeht, der verliert das Vertrauen zur Welt. Er handelt nicht in ihr. Sie wird ihm zur fernen Botschaft. Der Name Fernsehen verrät das schon. Und Radio wie Telefon sind nichts anderes als ein Fern-hören. Alles ist uns schließlich fremder, was dauernd Anlaß zur Sorge gibt.

Wir erblicken die Welt durch die Medien in einem verzerrenden oder verdüsternden, zumindest aber nicht ganz reinen Spiegel. Sonst wird niemals nur auf Tastendruck getönt, gesprochen, gesungen, gehandelt. Wir können keine freie Lebensäußerung durch Befehl erzwingen. Wir müssen sie erfragen oder erbitten und ruhig abwarten. Das Magnetband und alle anderen technischen Geräte wollen uns dagegen suggerieren, daß uns alles blind gehorcht.

Ist es gewagt, dies als seelischen Kannibalismus anzuklagen? Im Grunde fängt er ja schon beim ungefragten Fotografieren an. Es werden Abbilder des Menschen angefertigt, die ihn in möglichst ungewöhnlichen Situationen zeigen müssen, damit sie überhaupt noch interessieren. Man verkauft etwas von sich selbst: die eigene Würde.

Eine weitere typische Haltung, zu der die Medien verführen, ist folgende: Lieber ein Unglück betrachten – statt zu seiner Verhinderung beizutragen. Man schlittert in eine Gier nach dem Sensationellen hinein und fühlt sich selbst verschont, weil auch die tragischen Vorgänge nur aus der Distanz wahrgenommen werden. In der eigenen Nähe können sich um so mehr Mißstände ausbreiten, weil wir uns kaum noch selbst darum kümmern.

Durch die Medien werden wir häufig Zeugen von Aktionen, die der Welt Gewalt auferlegen – ohne uns dagegen wehren zu können. Jede noch so laute Empörung stößt zunächst ins Nichts – und damit ist vielleicht schon die wesentliche Kraft gebrochen. Wir empfangen lediglich Eindrücke. Unsere Reaktion bleibt stecken. Auf diese Weise verbreitet sich immer mehr ein Gefühl der Hilflosigkeit. Zudem lassen sich Millionen von Menschen von künstlich entworfenen Schreckbildern fesseln. Als ob es im Leben nicht genug Schreckliches gäbe! In der Zeit, die sie den Medien opfern, versäumen sie, durch eigene aufbauende Leistungen an der positiven Umgestaltung der Welt zu arbeiten.

Von der Not einige Male zu hören, kann als Aufforderung wirken, solche Mißstände zu beheben. Immer wieder lediglich von ihr zu hören, wird eine negative Form geistigen Übens, eine Erziehung zur Verantwortungslosigkeit. Wir lassen schließlich alles völlig resigniert über uns ergehen, anstatt Wege zu suchen, wie sich Schwierigkeiten wenigstens zum Teil mindern lassen.

Die Möglichkeit, andere durch Medien zu beeinflussen, wird von der Werbung ausgenutzt. Sie möchte uns zu einem Überkonsum anstiften. Mancher durch sie geweckte Wunsch spricht unsere dunkelsten Bereiche an, so daß manchmal brutale Handlungen, auch auf sexuellem Gebiet, durch sie ausgelöst werden. Der Mensch wird zum Diener seiner Leidenschaften abgerichtet.

Eine Aufstachelung beginnt eigentlich schon bei Fotos. Durch die Fotografie ist ein Kult des Anstarrens entstanden, der vielfach auf den Umgang der Menschen miteinander zurückwirkt. Man betrachtet den anderen häufig wie einen zu prüfenden Gegenstand.

Fotos klammern aus, was sich hinter dem Sinnlichen verbirgt. Sie sind eigentlich nur Hülsen, welche uns locken. Wir haben tote Formen, keinen organischen Prozeß vor uns. Das Verlangen nach einem Mehr wird zwar geweckt, doch bezieht sich auch dies nur auf äußere Faktoren. Indem wir uns mit einer Unmenge an technischen Bildern umgeben, verbauen wir den Bezug zu lebendigeren Wahrnehmungen. Wir orientieren uns an vergangenen Situationen, anstatt uns selbst aufgrund verschiedener seelischer Eindrücke ein Bild von einem Menschen oder von Vorgängen zu machen. Bei vielen Menschen erinnert man sich so leider mehr an sein Foto als an sein tieferes Wesen.

Die Problematik einer solchen »Nachahmung des Todes« kommt mit folgendem Zitat aus dem Buch *Die Sterblichkeit der Musen* von Wladimir Weidlé zum Ausdruck, in dem dieser darlegt, wie als Konsequenz einer abstrakten Verwissenschaftlichung sich der Geist aller Lebendigkeit entledigt: »Die Fotografie tritt die Nachfolge der Kunst an, wenn die Kunst, von der Ästhetik verführt, ihre eigentliche Natur, ihr menschliches und mehr als menschliches Wesen verrät. Die Fotografie kommt dann zu ihrem Triumph, und wir sehen anstelle der Welt, die ehemals ein schöpferischer Akt in ihrer lebendigen Ganzheit umschuf, eine Technik sich breitmachen, die uns beibringt, mit Hilfe eines Apparats – der so erfinderisch ist wie nur die menschliche Vernunft – etwas noch nicht Dagewesenes zu verfertigen: ein getreues, gefälliges, tadelloses Bild des Nichts.«

Daß Fotografieren einem »Austreiben des Lebendigen« gleichkommt, können wir besonders im Scheinwerferlicht oder bei Blitzlichtaufnahmen erfahren. Letztere sind in den meisten Museen verboten – weil Kunstwerke darunter leiden. Gegen Menschen setzt man das Blitzlicht hemmungslos ein. Äußerlich scheint sich bei uns nichts zu verändern. Auf den Ätherleib aber wirkt das Blitzlicht wie ein Peitschenschlag.

Besonders hinterhältig sind rücksichtslose Fotografien, die gerade unsere ablehnende Miene dieser Prozedur gegenüber festnageln. Auch wenn wir den Kopf abwenden, um uns gegen Belästigungen durch das Blitzlicht zu wehren, nimmt das Gerät dies auf. Manche Personen sehen sich deshalb zu einer Verstellung veranlaßt. Um sich Ärger und Diskussionen zu ersparen, machen sie vor der Kamera ein freundliches Gesicht – obwohl sie die technische Prozedur verabscheuen. Solche Heuchelei wird man in ähnlicher Weise auch beim Filmen und bei Fernsehaufnahmen antreffen.

Eine besondere Form der Fotografie, das Fotokopieren, verleitet zu gedanklicher Nachlässigkeit. Man liest den Text nicht genau, vielmehr wird er im Duplikat nach Hause getragen. Dort stapeln wir ihn auf – statt uns mit dem Geistgehalt zu verbinden und dadurch weniger von äußeren Fixierungen abhängig zu werden. Letzteres ließe sich fördern, wenn wir das Mitschreiben wieder pflegten. Unsere eigene Tätigkeit kann das Verstehen erleichtern und somit auch das selbständige Aneignen.

Durch übermäßigen Mediengebrauch verringert sich unsere Welterfahrung, weil diese sich nur durch persönliche Aktivität ausbildet. Wo wir etwas nicht persönlich kennenlernen können, sollten wir nie ausschließlich einer einzigen Mitteilungsform vertrauen. Sonst kann ein kleiner technischer Defekt unser Handeln in falsche Bahnen leiten, etwa durch die falsche Angabe von Zeit und Ort eines uns interessierenden Geschehens.

Viele Bereiche der Sinneswelt können durch technische Geräte überhaupt nicht vermittelt werden. Für die Wahrnehmungen des Tastens, des Lebensempfindens, der Bewegungen der eigenen Glieder, des aufrechten Darinnenstehens, des Geruchs, des Geschmacks und der Wärme fehlt die Wiedergabe in den Medien. Die schöpferischen Sprachqualitäten, die entstehenden Gedanken und das reale Ich können nur als Nachwirkungen wiedergegeben werden. Man hört und sieht lediglich Stellvertretendes.

Mit dem Einschalten des Mediums erfolgt also ein Ausschalten der meisten Sinne. Einzelne werden auf Kosten der anderen überstrapaziert. Bei Fotos und Lichtbildern ist es das Auge, bei Radio, Tonband und Schallplatte das Ohr. Film und Fernsehen können den Menschen deshalb stärker einbeziehen, weil sie beide Wahrnehmungsarten zugleich vertreten.

Falls der Mensch die Medien wie ein Fernglas oder ein Mikroskop behandeln würde, ließe sich nichts dagegen sagen. Es ginge um gewisse Details, nicht darum, sich ununterbrochen berieseln zu lassen. Der Wert der Benutzung hängt außerdem ganz davon ab, inwiefern es gelingt, das Erforschte mit der lebendigen Umwelt zusammenzubringen oder zu vergleichen.

In unser Erkennen und Schaffen sollten sich die Medien einordnen und uns nicht davon abhalten. Wenn sie dominieren, lenken sie uns vom eigenen schöpferischen Auftrag ab. Wir zweifeln an diesem, wenn wir uns gänzlich den künstlichen Wahrnehmungen anvertrauen.

Gegenwärtig sind zahllose Seelen von den Medien regelrecht entführt. Ein Weltentzug spielt sich für sie ab. Deshalb ist es so wichtig, ein besseres Bewußtsein von allen Sinnesprozessen zu entwickeln. Allein dann läßt es sich vermeiden, daß wir uns der technischen Übermittlung unterordnen.

Ein verantwortlicher Umgang mit den Medien verlangt ihre Begrenzung. Das würde ein Aufatmen für unsere Sinne mit sich bringen. Wir dürfen uns nicht mit verdünnten Überlieferungen abfinden, sondern sollten die unmittelbare Realität aufsuchen. Nur wenn wir selbst erkennen und klare Ziele haben, können wir über die Art der technischen Hilfen bestimmen. Außerdem müssen wir bei allem die Auswirkungen für die Mitmenschen bedenken. Die Empfindlichkeit der Kinder ist dabei wesentlich zu berücksichtigen. An ihrer Reaktion zeigt sich oft am deutlichsten der Wert oder die Gefahr uns umgebender Wahrnehmungen.

5 Krankheitsgefahren erkennen und Gesundheitspflege betreiben

Es besteht heute bei sehr vielen Menschen eine Neigung, Krankheit als etwas Fehlerhaftes zu betrachten, das es möglichst schnell durch einen Arzt abzuschaffen gilt, anstatt darin ein warnendes Signal und einen hilfreichen Prozeß zu sehen. So bleibt ihnen jene höhere Weisheit verschlossen, die sich bei allen Leiden kundgibt und uns eine Richtschnur für das Leben bieten will, indem wir erkennen können, daß mit uns selbst beziehungsweise mit unserer Umwelt etwas nicht in Ordnung ist.

Wären wir nicht leidefähig, könnten wir uns nie fragen und nie bewußt machen, wo wir in unserer menschlichen Entwicklung beeinträchtigt oder überfordert sind. Es läßt sich die Krankheit als eine Überschreitung jener Prozesse beschreiben, die sich im gewöhnlichen Leben abspielen. Wir haben nicht mehr die Kraft für einen direkten Ausgleich. Es sind die Grenzen des Ertragbaren überschritten, so daß wir nur zu einer Besserung kommen, wenn wir bestimmte Tätigkeiten einschränken, uns niederlegen oder zusätzliche heilende Anregungen und Substanzen erhalten.

Ein wichtiges Zeichen ist hier der Schmerz. Er kennt ein ganzes Spektrum von Abstufungen und bedeutet eine Steigerung unseres Empfindungsvermögens infolge von Wahrnehmungen, die eine solche Stärke erreichen, daß wir uns nicht mehr von ihnen lösen können. Im Grunde sind dauernd Anzeichen des Gestörtseins und des Erkrankens bei uns vorhanden, die wir meist zuwenig beachten. Eine gesteigerte, aber nicht übertriebene Aufmerksamkeit vermag hier zur Weckung schützender Kräfte beizutragen.

Wir sollten also froh sein, daß wir empfindlich sind, und daraus zu lernen versuchen. Einen geeigneteren Schutz gibt es überhaupt nicht. Indem wir spüren, was uns erschöpft oder auch besonders erregt, vor allem über den unseren ganzen Organismus erfassenden Lebenssinn, können wir rechtzeitig eine Veränderung in unserem Verhalten einleiten, sei es durch eine Ruhepause oder durch eine ausgleichende Aktivität, so daß wir nicht in eine vollkommen aussichtslose Lage hineingetrieben werden müssen.

Unser Organismus läßt nicht alles mit sich machen. Er beginnt sich bei Überbeanspruchung zu wehren. Normalerweise geschieht dies schon bei einzelnen Sinneswahrnehmungen: wo wir Fremdes empfangen und uns im Erkennen dagegen behaupten. Bei Schmerz und Krankheit bleibt dieser Vorgang kurzfristig oder länger auf die leibliche Ebene herabgedrückt. Wir benötigen dann mehr Zeit zur Überwindung. Die hierzu erforderlichen heilenden Impulse müssen sich erst ansammeln. Der ganze Körper ist dann betroffen.

Hier könnten wir vieles mildern, indem wir lernen, schneller auf uns beeinträchtigende Eindrücke zu reagieren und so einiges von dem aufzufangen, was uns sonst zu intensiv ergreift.

Durch eine bewußtere Betätigung der Sinne haben wir also die Möglichkeit, Krankheitsgefahren zu erfassen, bevor sie uns oder andere Menschen unausweichlich treffen. Oft werden uns sehr subtile Verletzungen zugefügt, ohne daß wir sie im einzelnen ernst nehmen. Wäre unser Erkennen jedoch imstande, besser zu durchschauen, wohin die allmähliche Summierung scheinbar geringfügiger Umwelteinflüsse führt, ließe sich daraus eine aktive Gesundheitspflege ableiten; diese wäre also allein schon durch größere Wachheit im Beobachten unserer selbst zu erreichen. Solch eine verhütende Vorausschau wird immer wichtiger, weil heute zahlreiche Krankheitsquellen vorhanden sind, die der Mensch mit Dingen geschaffen hat, die er als zivilisatorischen Fortschritt betrachtet. Daraus ergeben sich viele der gefährlichen Einflüsse, die wir·im vorigen Kapitel betrachteten. Sie sind nicht bloß für die Erde selbst bedrohlich, sondern setzen sich auch in unserem Leib fest. Dieser stumpft in der Folge ab und verliert jenes harmonische

Lebensgefühl, das uns früher die überwiegend natürliche Umgebung vermittelte. Heute nehmen wir das Abbauende ziemlich passiv hin, weil es schon so sehr in uns selbst steckt. Wieder eine gesündere Reaktionsfähigkeit zu erringen, ist nicht bloß wesentlich für den eigenen Leib. Dieser muß zugleich als Organ für den Zustand der Umwelt verstanden werden. Es wäre höchste Zeit, auch an deren Krankheit und Gesundheit zu denken. Bei uns vermögen wir innerlich manches abzulesen, was auf die gesamten Lebensverhältnisse verweist und deren Gefährdetsein anzeigt.

Eine unverzichtbare Hilfe für uns wie für die Umwelt liegt in einer besseren Berücksichtigung der Mitteilungen unserer Sinne begründet. Jede Gleichgültigkeit ihnen gegenüber zeitigt auf die Dauer krankmachende Folgen, etwa wenn wir einen scharfen Luftzug nicht beachten und nicht nachsehen, wie er zu vermeiden wäre. Über die folgende Erkältung müssen wir uns dann nicht wundern. Solche Folgen zu ignorieren, wäre allerdings noch schlimmer. Dann verbauen wir uns jeglichen Blick für die Verhältnisse um uns herum.

Störungen und Harmonisierung der Wahrnehmungen

Unzulängliche wie allzu heftige Wahrnehmungen sind also die Wurzeln vieler Krankheiten. Entweder haben wir etwas übersehen, das wir nicht bewältigen können, oder wir haben etwas übertrieben, das sich dann in uns festsetzt und unser organisches Gleichgewicht stört. Unser Handeln führte nicht rechtzeitig zu einer Abwehr oder einem Sich-Lösen, beispielsweise durch das Aufsuchen eines anderen Ortes oder einer ausgleichenden Tätigkeit. Auf derartige Versäumnisse antwortet unser Körper, indem er einen anderen Zustand aufsucht, über den er sich von der Überlastung befreit.

Daß viele unter Schlaflosigkeit leiden, verdeutlicht besonders gut, daß wir kein technischer Apparat sind, der einfach ausgeschaltet werden kann. Häufig wirken mechanische Elemente des Tages nach, so daß wir nicht zur Ruhe kommen. Handelt es sich dabei um äußeren Lärm, läßt sich die Störung direkt lokalisieren und relativ leicht beseitigen beziehungsweise meiden. Störend kann schon ein Geräusch sein, das wir tagsüber gar nicht wahrnehmen, was für manches Summen eines elektrischen Gerätes zutrifft. Nicht selten bemerken wir dies erst, wenn wir uns aus dem allgemeinen Treiben des Tages zurückziehen. Da geht es im Grunde nur um ein Abstellen. In den eigenen Organismus gräbt sich aber auch vieles ein, was unsere Sinne tagsüber aufgenommen haben. Dies lärmt sozusagen nachts in uns weiter. Und auf seelischer Ebene kann die Unruhe als solche in uns fortwühlen, verstärkt vielleicht durch zwischenmenschliche Auseinandersetzungen. Innere Unruhe läßt sich nicht einfach »abstellen«.

Wir bedürfen des Schlafes, um unsere geistig-seelische Tätigkeit fortsetzen zu können. Der Körper wird durch sie abgebaut und muß sich erholen. In der Nacht löst sich das Ich mit dem Astralleib heraus, so daß sich unser physischer Leib über den Ätherleib – der die gesunden Lebenskräfte in uns verkörpert – zu regenerieren vermag.

Zuwenig Schlaf wirkt sich schwächend auf unseren Organismus aus. Er wird zu sehr beansprucht, ohne sich erneuern zu können. Zuviel Schlaf wiederum vermindert unsere geistige Wachheit, denn dann dominieren die leiblichen Einflüsse. Es ist daher wichtig, einen möglichst ausgeglichenen Rhythmus für das Schlafen einzuhalten. Dadurch würden sich übrigens viele Einschlaf-Probleme ganz von selbst lösen. Wer unter Schlafstörungen leidet, sollte – neben der Beseitigung von äußeren Störquellen – auch konzentrative und meditative Übungen durchführen, denn diese können viel zur Förderung der inneren Ruhe beitragen. Auch die Vorstellung, einen stillen Gang zu durchqueren, kann uns zum Beispiel helfen, besser Schlaf zu finden.

Grundsätzlich kann jede Therapie nur Erfolg haben, wenn sie auf eine Harmonisierung von Körper, Seele und Geist abzielt. Nehmen wir zum Beispiel den Kopfschmerz.

Bei ihm rückt eine gestörte körperliche Aktivität in den Kopfbereich vor. Anstatt diese Wahrnehmung durch bewußtseinsdämpfende Mittel zu verdrängen, kann eine wirkliche Heilung erreicht werden, indem wir die Störungen im Bereich des unteren Menschen beseitigen und diesen auf eine geregeltere Art ansprechen, vor allem in bezug auf Ernährung und Bewegung. Wir sollten hier sowohl den rhythmischen Ablauf als auch die Frage der Natürlichkeit berücksichtigen. Wenn eine Nahrung nicht gut verdaulich ist, belastet uns dies bis in den Kopf hinein, während wir sonst völlig unbelastet bleiben. Ebenso staut sich vieles in uns an und drängt vom Stoffwechsel aus nach oben, wenn wir letzteren nicht durch äußere Bewegung in möglichst gesunder Luft unterstützen.

Die leiblichen Vorgänge dürfen nicht in unser Bewußtsein dringen, sondern sollten auch tagsüber wie in einer Schlafzone liegen und von dort aus all unser Tun begleiten. Schieben sie sich zu sehr in den Vordergrund, kann es zu heiklen Störungen im Wachzustand kommen. Wir sind dann nicht bloß im Körper angegriffen wie beim Schmerz und nicht bloß seelisch wie bei der Nervosität oder bei mancher Schlaflosigkeit, sondern bis in geistige Prozesse hinein. Eine erste Stufe ist hier der Schwachsinn, der das Wahrnehmen der Umgebung beeinträchtigt. »Jemand ist nicht mehr bei Sinnen«, hört man dann oft – nicht ohne Grund. Eine Steigerung bedeutet der Irrsinn; hier erweist sich das eigene Urteil als gestört. Unsere Reaktionen sind dann ganz vom Chaos unseres Inneren bestimmt, stehen meist im Widerspruch zur äußeren Situation und bringen uns nur Nachteile. Beim Wahnsinn schließlich erscheinen unsere Handlungen völlig verkehrt. Was man sonst als Phantasiebild kennt, hält man plötzlich für die richtige Welt und tritt in größter Überzeugung dafür ein, obwohl diese Welt nur im eigenen Innern existiert.

Schwachsinn, Irrsinn und Wahnsinn stellen eine dreifache Auslöschung des Wahrnehmens dar. Der körperliche Einfluß vertreibt das Geistig-Seelische. Erkennen, Beurteilen und Handeln werden vom Stoffwechsel beherrscht. Das therapeutische Bemühen müßte in diesen Fällen die im unteren Menschen verlaufenden Prozesse abschwächen und zugleich das Bewußtsein des oberen Menschen stärken. Alle Wahrnehmungen, die zu verwirrend oder zu eintönig sind, sollten reduziert werden. Künstlerische Betätigung kann in vielen Fällen wertvoll sein, weil sie den Leib besänftigt und uns geistig belebt.

Eine Lockerung des Seelischen in bezug auf den Körper, ohne daß eine organische Störung vorläge, erklärt viele Ängste. Der Mensch meint, den Grund zu verlieren und von allen verlassen zu sein. Das Lebensvertrauen gerät ins Wanken. Gefühle der Ungewißheit bemächtigen sich unseres Wesens, da wir zwar in einem seelisch gelockerten Zustand sind, aber dies eher als schrecklich empfinden, weil wir geistig nicht darauf vorbereitet waren.

Eine therapeutische Aufgabe bei solchermaßen gefährdeten Menschen bestünde darin, das Vertrauen zur natürlichen und sozialen Umwelt wiederherzustellen und neuen Lebenswillen aufzubauen, der die Menschen dann wie ein gefestigter Boden durch innere Krisen trägt. Dazu können schöne Landschaftserlebnisse ebenso verhelfen wie offene Gespräche, bei denen sämtliche Sorgen und Nöte geschildert werden dürfen. Wenn sich hierfür auch nur ein still zuhörender Partner anbietet, läßt sich bereits ein heilsamer Prozeß anregen.

Wir können uns von mancher Angst und anderen seelisch bedingten Leiden schon lösen, wenn wir mit jemandem darüber sprechen. Leibliche Symptome können Ausläufer tiefer sitzender Beklemmungen oder Schwächungen sein. Deshalb ist jede Therapie unzulänglich, die sich nur mit dem Körper beschäftigt. Er ist vielmehr ein Spiegel für unseren Gesamtzustand. Wer also aufmerksam genug hinschaut, kann über die Krankheit ganz besonders ins Menscheninnere blicken.

Wird bei einer Therapie die Seele negiert, kann auch der Leib nicht dauerhaft gesunden. Die Unsicherheiten vermehren sich, wenn man lediglich die schmerzhaften Symptome beseitigt. Mit ihnen tritt aber eigentlich nur hervor, was im Inneren des Menschen nicht stimmt. Es drückt sich bis ins Sinnliche hinein aus, was sonst im Unsichtbaren liegt, und zwar zumeist auf zweierlei Art: Mit der Krankheit wird entweder eine entzündliche Übersteigerung oder eine zur Verhärtung neigende Anstauung im Körperlichen bemerkbar, denen wir nicht mehr ausweichen können.

Die Polarität von Auge und Ohr kann uns hier sehr tiefe Einblicke erlauben und das Krankheitsverständnis erleichtern. Das Auge ist seiner lichthaften Natur nach mit entzündlichen oder auflösenden Prozessen verwandt, die aber aufgehalten werden, indem es sich immer wieder abschließt (beim Blinzeln und im Schlaf). Entzündungen sind einem Verbrennungsvorgang ähnlich, der sich sonst im Stoffwechsel ereignet, aber nun wegen einer angegriffenen Stelle nach außen drängt, so daß wir davon freiwerden. Es ist wie eine Umwendung von stoffwechselmäßigen Kräften, wodurch wir etwas abweisen anstatt es uns anzueignen. Entzündliche Wunden haben in ihrer nach außen tretenden Tendenz direkt etwas Augenhaftes; auch sondert sich nicht selten Flüssiges bis zum Eiter hin ab.

Das Ohr zeigt von sich aus schon durch die am Hörvorgang beteiligten Knöchelchen eine nach innen gerichtete Tendenz zur Verhärtung. Verschiebt sich unsere normalerweise auf äußeres Wahrnehmen gerichtete Orientierung nach innen, können sich Einschlüsse bis zu Krebsgeschwülsten ergeben. Eine Überfülle an sinnlichen und seelischen Belastungen frißt sich dann im Körper fest, und zwar desto eher, je passiver der Mensch dies hinnimmt. Dies gilt auf allen Ebenen, betrifft also sowohl materielle Giftsubstanzen als auch gesellschaftliche Konflikte und Vernachlässigungen. Es gibt da keine isolierte leibliche oder soziale Verursachung. Die Gesamtheit der persönlichen Hemmungen und der verderblichen Zivilisationsverhältnisse bringt Wucherungsherde in uns zustande.

Es war Rudolf Steiner, der darauf aufmerksam machte, daß sich Krebs als ein verkehrter Sinnesprozeß erklären läßt. Die organischen Gestaltungskräfte werden von einer Vielzahl niederziehender Einflüsse fehlgelenkt. Was sich üblicherweise von uns in die Welt ergießt, wird zurückgestoßen und verhärtet unseren Organismus oder führt zu Wucherungen. Das Verhärtende läßt sich mit den elektromagnetischen Kräften in der Außenwelt vergleichen, wohingegen der Krebs eine Ähnlichkeit mit der lebensbedrohenden Radioaktivität hat. Wie letztere die Ordnung der Materie aufhebt, so kann dies durch Geschwulstkrankheiten im Innern unseres Körpers bewirkt werden. Daß zwischen beiden eine Beziehung besteht, läßt sich nicht verkennen. Radioaktive Strahlung stellt die größte Krebsgefahr für uns dar.

An dieser Stelle muß ein deutlicher Unterschied in unserem Verständnis der Krankheit beachtet werden. Zunächst können wir Krankheiten als Äußerung einer Übernatur in uns begreifen. Sie sind wie eine Mahnung und Korrektur dahingehend zu verstehen, daß wir von unserem wahren Wesen abweichen und sich dies wieder ausgleichen soll. Wir selbst stecken in Bedingungen, die unserer menschlichen Entfaltung nicht angemessen sind. Durch zeitweise Lebensveränderungen und zusätzliche therapeutische Hilfen (Medikamente, Diät, Kur) läßt sich hier schließlich wieder ein Ausgleich herstellen.

Das Krankmachende kann jedoch in unserer Umgebung so stark sein, daß wir diese Lebenssituation nicht mehr ertragen und uns dies durch ständig wiederkehrende Krankheiten oder eine Allergie mitgeteilt werden soll. In solch einem Fall darf gerade nicht eine Anpassung an die äußere Lage erfolgen, weil sonst eine Verschlimmerung der Krankheit bis zum Krebs droht.

Damit sind wir praktisch am Scheidepunkt des Heilwesens angelangt. Das Wichtigste ist bei jeder Behandlung, ob erkannt wird, was dem jeweiligen Menschen entspricht und was nicht. Beim einen kann es günstig sein, wenn er sich im Zuge der Genesung wieder in den üblichen Schaffenskreis einordnet, weil er diesen zu seiner Entwicklung braucht. Die Belastung war dann vorübergehend zu intensiv. In einem anderen Fall kann eine bestimmte Umgebung für einen Menschen grundsätzlich belastend sein. Dies kann zum Beispiel zu chronischen Herzkrankheiten führen, die sich nur überwinden lassen, wenn man das bisherige Tätigkeitsfeld aufgibt.

Der Therapeut muß also den jeweils einzelnen Menschen beobachten und ständig prüfen, wie er auf die Behandlung reagiert. Setzt sich die Heilung nach dem Aufsuchen der bisherigen Beschäftigung nicht fort, ist dies ein Zeichen, daß sich in der Krankheit die Notwendigkeit einer Veränderung im äußeren Dasein zeigt. Kreislaufbeschwerden hängen so oft mit der Hektik des Berufs zusammen, Gelenkleiden mit der zunehmenden Mechanisierung vieler Tätigkeiten. Wenn wir den eigenen Körper zu selten bewegen und auf der anderen Seite zu gejagt sind, dürfen wir uns nicht über die – oft fatalen – Konsequenzen einer so ungesunden Lebensweise wundern.

Um schwere Krankheiten oder gar Dauerschädigungen zu verhindern, sollten wir erkennbar negative Einflüsse nicht widerstandslos akzeptieren. Wir dürfen unseren Lebensrhythmus nicht von der Technik vorschreiben lassen. Als Menschen benötigen wir den heilsamen Wechsel zwischen Anstrengung und Ruhe. Wenn wir uns ungewöhnlichen Strapazen unterziehen müssen, ist es desto dringlicher, sich nach Quellen der Erneuerung für Körper, Seele und Geist umzuschauen.

Vor Überbeanspruchung können wir uns vorsorglich schützen, indem wir unsere Wahrnehmungsfähigkeit pflegen, etwa auf die Erhaltung der Qualität der Augen achten, und zwar schon beim Kind. Unser Sehen lebt in Rhythmen des Herausgehens und Sich-Zurücknehmens. Daher lassen sich Kurzsichtigkeit und Weitsichtigkeit folgendermaßen verstehen: Wenn wir zu sehr auf uns bezogen sind, haben wir Probleme im Nach-außen-Dringen. Dann benötigen wir eine Brille mit Zerstreuungslinsen. Wenn wir – meist durch das Alter – schon mehr von uns abgelöst sind, müssen wir uns beim Lesen mit einer Sammellinse helfen.

Kinder sollten nicht zu schnell ans Lesen und andere intellektuelle Prozesse herangeführt werden, weil sie sich sonst zuwenig mit der Welt verbinden und zu sehr nach

142

innen wenden, so daß sich das Altern beschleunigt, ohne daß aber genug äußere Sinneserfahrungen vorhanden sind. Daß immer mehr junge Menschen eine Brille tragen müssen, hängt hiermit zusammen.

Die Umgebung beeinflußt unsere Entwicklung in mehrfacher Hinsicht. Das gilt auch für unsere körperliche Entwicklung, weshalb die körperliche Hygiene, beispielsweise das vorsichtige Ohrenputzen, nicht unwichtig ist für ein gesundes Wahrnehmen. Ebenso wichtig ist jedoch die Pflege der Umwelt. Denn wir selbst haben nur begrenzte Widerstandskraft gegenüber deren Schädigungen. Wo wir uns zu spät um diese kümmern, wächst auch bei uns die Gefahr einer Schädigung. Krankheiten können sich in die Länge ziehen, oder wir sind fortlaufend anfällig für Schnupfen, Erkältungen und ähnliches. Kein Arzt oder Therapeut kann erfolgreich gegen eine völlig verdorbene Umwelt ankämpfen. Er muß letztlich aufgeben, wenn sich die Gesundheitsbestrebungen bloß auf uns beschränken und nicht auch die negativen Einflüsse von außen her einbeziehen. Weil wir sie kaum überall gleichzeitig und sofort überwinden können, sind wir zunächst nur dadurch geschützt, daß wir auszehrende Wahrnehmungen nur in gedämpfter Form und nicht längerfristig dulden. Ein guter Rat wäre auch, die eigene sinnliche Konzentration nicht gänzlich von Störungen beanspruchen zu lassen, sondern sich um positive Ablenkung zu kümmern: durch Gespräche, durch Lektüre oder durch Körperbewegung.

Es ist das Schicksal des Menschen, daß er sich vielen Gefährdungen ausgesetzt sieht, schon durch das Altern, welches zu ihm wie zur Natur insgesamt gehört. Wir sind jedoch aufgefordert, unser Leben zu überdenken und uns den irdischen Bedingungen nicht einfach unterzuordnen, sondern in der Auseinandersetzung mit ihnen unsere Selbstbehauptung zu stärken. Albert Steffen sagte über die Bedeutung der Krankheit, daß sie jeweils ein Doppelgesicht habe: »das des Leibes, der welkt, und das des Geistes, der wächst«.

Niemand ist dazu verurteilt, sein Dasein in körperlicher

Degeneration zu beenden. Der Mensch kann sich über die Krankheit genauso wie über das Altern erheben. Die ihnen entstammende Herausforderung soll zum Ansporn für ein Weiterbilden am eigenen Wesen werden. Der vergängliche Leib dient nur als Instrument, aber er ist nicht das Ziel an sich. Dieses liegt im Geiste.

Vom Irdischen her ist unser Körper also laufend gefährdet. Für die Umweltpflege läßt sich deshalb sagen, daß wir uns durch sie auch gegenseitig leiblich betreuen. Speziell trifft dies für das Kind zu, das am heftigsten unter unheilvollen Sinneseindrücken leidet. Sein Organismus ist am unmittelbarsten dem ausgesetzt, was wir aus der Umwelt machen.

Die Empfindlichkeit der Sinne hat, wenn wir ihre Schutzfunktion betrachten, eindeutig positive Seiten. Sie ermöglicht ganz konkret, Gefahren für uns und andere zu erkennen und abzuwenden. Der wichtigste Punkt dabei ist, zu wissen, daß alles, was wir an Wahrnehmbarem aus uns heraussetzen und für die Kultur neu schaffen, sich bis in fremde Körperlichkeit hinein auswirkt. Alle unsere Handlungen sind also potentielle Wahrnehmungen, deshalb sollte schon in ihnen eine therapeutische Rücksichtnahme liegen. Der Mensch kann sogar ein Übermittler von Weltkräften werden, wenn er jeden erkannten Mangel als Aufforderung zu schöpferischer Ergänzung betrachtet und demgemäß handelt.

Die ganze Erde sagt es uns: Wir schreiten immer mehr in ein therapeutisches Zeitalter. Unsere Gesundheit bleibt kein Naturgeschehen. Sie wird zur individuellen, kulturellen und sozialen Aufgabe. Was wir auch tun, alles wirkt auf die Mitmenschen ein – und ihr Tun bekommen wir wiederum deutlich zu spüren. Zu dieser Erkenntnis zu gelangen, das ist häufig, aber nicht notwendigerweise, mit schmerzhaften Erfahrungen verbunden.

Ernährung als Kräftevermittlung

Wohl kaum jemand wird bestreiten, daß die Ernährung für den Menschen von größter Bedeutung ist. Die meisten denken allerdings nur an die Stärkung des Körpers. Sie vergessen, daß wir nicht für den Leib leben: Richtige und gesunde Ernährung ist wichtig, damit wir die Seele entfalten können und Geistiges in uns wirksam bleibt. Indem wir Stoffliches hereinnehmen und abbauen, sichern wir die Fortentwicklung unseres geistig-seelischen Wesens auf der Erde. Durch die Umsetzung der Nahrung erhalten wir uns selbst. Das Lebendige kann sich nur durch solche Tätigkeit erneuern.

Die Sinne spielen bei der Ernährung eine zentrale Rolle. Neben dem Geschmackssinn sind dabei auch andere Sinne betroffen. Verspüren wir ein Hungergefühl, so ist dies ein Zeichen dafür, daß die ätherischen Kräfte in uns – also jene Kräfte, die jeden Organismus kennzeichnen und aufrecht erhalten – zuwenig zu tun haben. Wir nehmen dies mit dem Lebenssinn wahr.

Bei der Zusammenstellung unserer Nahrung sollten wir uns immer von der Frage leiten lassen, ob die zur Auswahl stehenden Erzeugnisse den Abläufen in unserem Körper dienen oder nicht. Bei dieser Entscheidung helfen Nase und Augen. Geruch und Aussehen der Nahrungsmittel liefern einen ersten Hinweis auf ihre Bekömmlichkeit. Noch wesentlicher für die Beurteilung der Qualität eines Nahrungsmittels ist der Geschmack. Er bestimmt letztlich darüber, ob wir etwas weiter zu uns nehmen oder nicht. Ihm kommt somit die Funktion zu, darüber zu wachen, was in uns hineingelangt, und zwar auf dem Weg über eine Verflüssigung, weil nur dann der Ätherleib angesprochen werden kann.

Der Geschmackssinn hat seinen Ort im Munde, aber seine Auswirkungen im ganzen Körper. Unser Schmecken leitet die Tätigkeit der Ätherkräfte ein. Was dieses »Tor« passiert, muß unsere Verdauung verarbeiten. Dabei enthüllt sich das Innere des stofflich Aufgenommenen. Von dessen Beschaffenheit hängt ab, ob es unserem Organismus zuträglich ist. Über den Lebenssinn erfahren wir – durch ein Gefühl des Erfrischtseins oder des Belastetseins – die Reaktionen unseres Leibes auf die Nahrung.

Im Sinne einer heilsamen, die Tätigkeit von Körper, Seele und Geist gleichermaßen fördernden Ernährung müssen wir uns also auf die Wahrnehmungen des Sehens, Riechens und vor allem des Schmeckens verlassen können. Wir sollten jede Überreizung vermeiden, denn sie müßte zwangsläufig zur Abstumpfung führen. Luftverschmutzung und Rauchen zum Beispiel belasten nicht nur die Atmungsorgane, sondern korrumpieren unser natürliches Geruchsempfinden und ermöglichen dadurch das Eindringen vieler in der Nahrung enthaltener Gifte in unseren Körper.

Zu einer Verwirrung unseres natürlichen Empfindens führen die künstlichen Erzeugnisse, die uns überall umgeben. So wie durch das Plastikmaterial unsere natürliche Umwelt verwüstet wird, verfälschen wir unsere Nahrung durch künstliche Zutaten. Sie wird dadurch nicht nur unbekömmlicher, sondern raubt uns auch die Kraft, uns dagegen zu wehren. Manipulationen am Aussehen, am Duft und am Geschmack der Nahrung laufen auf eine Abschaffung der Seele hinaus. Es wird uns unmöglich gemacht, die Qualität der Nahrung für den Organismus richtig einzuschätzen. Unsere Sinne werden getäuscht, wir können ihnen nicht mehr trauen, Krankheiten sind die unvermeidliche Folge.

Einer natürlichen und gesunden Ernährung stehen noch weitere Gewohnheiten unserer heutigen Zivilisation entgegen. Viele sogenannte »Genießer« verkennen die Funktion von Ernährung und Geschmackssinn total: Sie essen wegen des Schmeckens und kennen oft kein Maß. Ein zu aufwendiges Essen lenkt jedoch den Geist ab. Er wird zu sehr ins Leibliche gezogen. So mancher Luxuskonsum führt hier in Wirklichkeit zu einer Verarmung, während mehr Bescheidenheit in der Quantität unsere Wesensentfaltung unterstützen könnte. Wenn wir beispielsweise auf die besonders belastenden und beeinträchtigenden Fleischprodukte weitgehend oder ganz verzichten, wird nicht nur unser Leib innerlich regsam gehalten, sondern die Entfaltung unseres ganzen

Wesens und unser Umgang mit der Außenwelt positiv beeinflußt.

Eine allzu »verfeinerte« Ernährung, wie etwa der bevorzugte Genuß von Weißbrot und reinem Zucker, gibt unserem Leib wiederum zu wenig Arbeit. Er vermag nicht genügend Kräfte zu mobilisieren, so daß unsere Krankheitsanfälligkeit steigt.

Die Nahrung sollte weder zu derb oder zu roh noch zu fein sein. Richtige Ernährung ist wie vieles andere eine Frage der maßvollen Mitte. Dies müssen wir vor allem auch wegen unserer Kinder bedenken, denn sie können ja noch nicht für den eigenen Körper sorgen. Sie sind auf die Achtsamkeit der Erwachsenen angewiesen und werden von den Ernährungsgewohnheiten der Eltern im Leibesaufbau beeinflußt. Durch künstliche Reize und Umweltgifte kann es ihnen unmöglich gemacht werden, ein gesundes Geschmacksempfinden auszubilden – ebenso auch infolge von manchen Genußmitteln. Hierzu gehört der Kaugummi, über den sich kaum etwas Besseres sagen läßt als vom äußeren Plastikmaterial. Eine Nivellierung der Wahrnehmungsfähigkeit findet statt, welche für die Seele äußerst unbefriedigend ist. Aus all dem resultiert letztlich Aggressivität. Um die natürliche Empfänglichkeit für das Lebendige zurückzuerlangen, bedarf es nicht selten vieler Monate oder gar Jahre der Nahrungsumstellung. Eine besondere Hilfe bieten hier Erzeugnisse aus biologisch-dynamischem Anbau.

In der Hektik des Alltags widmen wir dem Problem der Ernährung heute selten die Aufmerksamkeit, die ihm wegen seiner Bedeutung für unsere körperliche und geistige Verfassung eigentlich gebührt. Nicht wenige Leute empfinden das Essen als ein lästiges Muß, für das sie nur sehr ungern andere, scheinbar wichtigere Tätigkeiten unterbrechen. Die wachsende Zahl sogenannter Schnellrestaurants ist der beste Beweis für diese Einstellung zur Ernährung. Für die Besucher solcher Restaurants ist die Qualität des Essens zweitrangig, für sie zählt ausschließlich die Schnelligkeit der Abfertigung. Sehr bald verlieren sie dabei jedes Gefühl für Qualität und Menge des Essens.

Hastiges und unüberlegtes Essen bedeutet jedoch eine heftige Attacke auf den Lebenssinn. Ein sensibler Körper wird sich über kurz oder lang gegen die Nahrungsaufnahme wehren. Es treten Erscheinungen der Unterernährung auf. Das Geistig-Seelische distanziert sich vom eigenen Leib. Bei weniger empfindlichen Personen führt solch unkontrolliertes Essen dagegen zu Überernährung und Übergewicht. Sie stecken mit ihren höheren Kräften zu sehr im Leib fest. In beiden Fällen leidet nicht bloß der Organismus, sondern der ganze Mensch sowie auch seine Umgebung unter den Folgen der falschen Ernährung. Wir geraten in einen Teufelskreis, der nur schwer wieder zu durchbrechen ist.

Um dem vorzubeugen, müssen wir unsere Ernährungsgewohnheiten rechtzeitig kritisch überprüfen und eventuell umstellen, bevor es zu spät ist. Wir sollten Sorge tragen, daß die Ernährung keine Störung für die organischen Abläufe darstellt, sondern ein Bestandteil von ihnen. Dies wird unterstützt, indem wir uns um eine natürliche Nahrung und eine Regelmäßigkeit der Essenszeiten bemühen. Darüber hinaus lassen sich die Abläufe im Körper auch durch äußere Bewegung fördern. Das merken wir, wenn wir die meiste Zeit sitzen – es können dann erhebliche Verdauungskomplikationen auftreten. Welch große Bedeutung die körperliche Bewegung für unser Ernährungsgeschehen hat, zeigt sich, falls wir infolge einer Krankheit lange Zeit liegen. Wir magern ab, auch wenn sich die Essensmenge kaum verändert. Das Zuführen von Nahrung allein gewährleistet also nicht, daß der Körper diese verwertet. Wo die Bewegung fehlt, bleibt die Ernährung unvollkommen.

Für den Kräftehaushalt unseres Körpers ist außerdem das Licht zu berücksichtigen. Dies wird spätestens dann spürbar, wenn wir uns lange Zeit in einem Raum aufhalten, der nur elektrische Beleuchtung hat. Dies strengt uns ganz besonders an. Die Künstlichkeit nagt an den Lebenskräften. Das von der Sonne gespendete Licht kann demgegenüber, wenn es nicht allzu direkt auf uns fällt, unsere Arbeit und unser allgemeines Wohlbefinden fördern, so daß wir weniger ermüden.

Hier zeigt sich ganz deutlich die ernährende Funktion des Wahrnehmens, die desto wertvoller wird, je geringer unsere Möglichkeit ist, in einer natürlichen Umgebung zu leben und zu wirken. Was früher selbstverständlich war, müssen wir uns heute – oft mit erheblichem Aufwand – bewußt verschaffen, um eine Regeneration unseres Organismus zu erreichen. Wir brauchen gesunde Eindrücke zur Erfrischung der Sinne und der Seele – so wie das tägliche Brot. Sonst verlieren wir den Anschluß an die Weiterentwicklung der Welt. Sie gelingt nur durch ein Zusammenwirken vieler Faktoren, nicht durch den Stoff allein. Die Versorgung des Körpers ist nur eine unterste Stufe. Sie sorgt dafür, daß uns ein gestärktes Leibeswerkzeug zur Verfügung steht. Aber hiermit beginnen unsere Aufgaben erst. Kümmern wir uns lediglich um die stoffliche Seite, müßte unser höheres Wesen dennoch verdursten und verhungern.

Die Seele ernährt sich vor allem durch das Wort und die Kunst. Das Gespräch oder etwa ein Konzert bedeuten jene Speisung, mit der unsere Schaffensfähigkeit gedeihen kann. Bemühen wir uns zuwenig darum, werden wir stets gereizter. Dies ist die Ursache vieler Streitigkeiten, während wir andernfalls die Mitmenschen an neu errungenen Lebensharmonien teilnehmen lassen können.

Der Geist wächst mit dem Denken und Erkennen. Er kann die Anregungen von außen und innen mit größter Aufmerksamkeit und Bewußtheit aufnehmen und verarbeiten, um sich daran zu kräftigen. Ohne eigene Anstrengung bleiben wir allerdings ausgefüllt mit Wahrnehmungen, die wir geistig nicht verdauen. Wir laufen Gefahr, vieles zu akzeptieren, was uns nicht angemessen ist. Bald werden wir von den Ereignissen überrollt, anstatt an ihnen mitzugestalten.

Die Auswahl ist also auf den Stufen der Seele und des Geistes noch viel bedeutsamer als auf der des Leibes und der stofflichen Ernährung. Angesichts der Fülle der auf uns einströmenden Einflüsse und ihrer komplizierten, oft verborgenen Zusammenhänge wäre eine umfassende Diätetik des Aussuchens und Sich-Aneignens erforderlich. Unsere

persönliche Ausrichtung bestimmt wesentlich darüber, was
aus uns wird.

III

Spiritualität der Sinne

6 Schaffensimpulse der Kunst

An verschiedenen Stellen dieser Arbeit hat sich gezeigt, wie wir durch die zunehmende Technisierung nicht nur aus den natürlichen Beziehungen zur Umwelt herausgerissen, sondern immer mehr auch in unserem menschlichen Wesen bedrängt werden. Schon jetzt sind bei vielen die Sinnesorgane so angegriffen, daß sie ein ursprüngliches und natürliches sinnliches Erleben kaum mehr kennen. Es ist deshalb an der Zeit, sich die derzeitige Lage bewußt zu machen und ihren allzu großen Mißständen entgegenzuarbeiten. Wir sollten uns das eigene Leben nicht ständig von außen diktieren lassen, sondern Aktivitäten entwickeln, die heilsame Wahrnehmungen ermöglichen. Solches kann durch künstlerische Betätigung gelingen. Sie steht jedem offen und bewirkt ebenso wie die Natur eine Ausweitung unseres seelischen Erfahrungsraumes. Darüber hinaus kann sie sogar die technischen Verhärtungen auflösen helfen und verwandelnd hinzufügen, was die Apparate oder Medien beschneiden.

Keine Technik kann die Entwicklung unseres inneren Wesens ersetzen. Wir bleiben nicht nur in der Seele unbefriedigt, sondern verarmen geradezu, wenn wir keine schöneren Formen, Farben, Klänge und Bewegungen hervorbringen, die eine Steigerung des eigenen Lebensempfindens gestatten. Die Kunst hält immer neue Eindrücke bereit und schenkt so wieder, was bei der Technik fehlt. Sie war deshalb noch nie wichtiger als in unserem Zeitalter der Mechanisierung und der Automatisierung des äußeren Daseins. Wir können dies alles auf Dauer nur ertragen, wenn wir zusätzliche Schöpfungen erzeugen, die uns seelisch stärken und damit eine innere Verarmung verhindern.

Kunst ist immer etwas Besonderes. Ihre Einzigartigkeit

läßt sich besonders gut am Unterschied zwischen Fotografie und Porträtmalerei aufzeigen. Ein Foto verliert schnell seine Gültigkeit und wird langweilig. Ein gut gemaltes Porträt dagegen kann etwas von sonst verborgenen Geheimnissen eines Menschen ausdrücken und besitzt also bleibenden Wert. »Das Menschengesicht wartet darauf, daß es angeschaut wird«, heißt es bei dem schweizerischen Schriftsteller Max Picard. Das bezieht sich weniger auf die äußere Wiedergabe einer momentanen Erscheinung, vielmehr auf ein tieferes Einander-Treffen, wodurch in ein gelungenes Porträt immer auch seelische und geistige Komponenten einfließen, die sich jedem technischen Vorgang entziehen. Während das Festhalten mittels eines technischen Gerätes lebenswidrig ist, spricht durch die künstlerische Darstellung etwas Fortwirkendes zu uns, das der Individualität des Menschen sehr viel angemessener sein kann. Wirkliches Schöpfertum bedeutet in diesem Sinne ein Überschreiten des subjektiven Augenblicks. Das Sinnliche offenbart sich in einer Objektivität, die auf seine geistige Wesenhaftigkeit verweist.

Was die Oberfläche zunächst verbirgt, kann durch die Kunst enthüllt werden. Sie gestattet eine Erweiterung der Wahrnehmungsfähigkeit. Im Grunde hat jeder Vorgang in der Welt so viele Seiten, wie ihn Menschen erleben. Der Künstler kann versuchen, einiges davon zusammenzufassen. Von einem gelungenen Werk sind wir deshalb so überrascht, weil es etwas herausstellt, das wir sonst nur in der Seele tragen. Jedes künstlerische Werk läßt etwas entstehen, was sonst nicht sinnlich erfahrbar wäre. Die natürliche Welt wird dadurch nicht einfach abgebildet, sondern mannigfach bereichert. Auf dem Gebiet des Schöpferischen wird auch niemals – wie es auf technischem Felde gang und gäbe ist – eine Tat durch die andere verdrängt und negiert. Ein echtes Kunstwerk ist zugleich Ergebnis früherer und Ausgangspunkt neuer geistiger Entwicklungen. Es befähigt uns zu einem qualitativen Wachstum.

Für unser gewöhnliches Wahrnehmen gilt ganz allgemein, was der Maler Henri Matisse erkannte: »Alles, was wir im täglichen Leben sehen, wird mehr oder weniger durch unsere erworbenen Gewohnheiten entstellt.« Daran zeigt sich, wie unsere Seele geartet ist. Unsere innere Verfassung beeinflußt das Wahrnehmen. Schon deshalb wird Kunst auch zum Geschmacksproblem. Es verrät sich, woran wir besonders hängen. Das sind heute oft sehr oberflächliche, große und grelle Reize. Wir sind weit von jenem Prozeß entfernt, über den Henri Matisse schrieb: »Sehen ist in sich selbst schon eine schöpferische Tat, die eine Anstrengung verlangt.«

Lebendiges Wahrnehmen bedeutet immer auch eine Verwandlung der Seele. Im Hinblick darauf ist das Betrachten von künstlerischen Werken und Vorführungen äußerst wichtig. Es erzieht uns zu einem besseren Schauen. Der geübte Blick orientiert sich nicht an auffallenden sinnlichen Effekten, sondern daran, welche seelische Anregung wir empfangen. Für ihn ist das Sinnliche in erster Linie ein Werkzeug, das uns hilft, Organe für überirdische Sphären zu entwickeln.

In unserer von Verstandeskälte und materialistischen Werten geprägten Welt kommt der Kunst größere Bedeutung zu als je zuvor, damit wir einen schöpferischen Freiraum gewinnen. Die Beschäftigung mit Kunstwerken und die – wenn auch noch so bescheidene – eigene künstlerische Betätigung bringen nicht nur eine wichtige Abwechslung in unser Leben, sondern bilden einen für die geistige Erneuerung wichtigen Ausgleich zum allgemein vorherrschenden Nützlichkeitsdenken. Der künstlerische Rang eines Werkes ist um so größer, je mehr es zu einer inneren Erweckung auf breiter Ebene und auf lange Sicht beizutragen vermag. Zur Entdeckung der in einem Werk enthaltenen Möglichkeiten bedarf es unvoreingenommener Aufmerksamkeit von seiten des Betrachters oder Zuhörers. Dann öffnen sich grenzenlose Perspektiven für eine Bereicherung unseres Seelenlebens. Bei den verschiedenen Kunstgattungen vollzieht sich dies auf unterschiedlichem Wege, sei es mehr bildhaft, mehr auf lautlicher Ebene oder durch räumlich-physische Gestaltungen wie etwa bei Skulpturen.

Dichtung bereichert die Wahrnehmungssphären des Sprachsinns und des Gedankensinns. Ein erzählender oder eher sachlicher Text – bei dem auch stets auf die Form geachtet werden sollte – befriedigt schon beim bloßen Lesen. Um jedoch ein Gedicht richtig aufnehmen zu können, müssen wir zumindest innerlich mitsprechen. Es steht in der Mitte zwischen Lesen und Hören. Ein Drama hingegen wirkt sehr unvollständig ohne die schauspielerische Darstellung.

Der künstlerische Umgang mit der Sprache kräftigt unseren Lebensleib und kann ein erregtes Gemüt mildern. Auch ein lebendiger Vortrag kann ähnliches bewirken. Die Seele verliert ihr Abgeriegeltsein und klärt sich auf. Sie reinigt sich über das »stimmige« Wort. Ihre Stimmung wird stabiler, ohne daß sie an Beweglichkeit verliert. Ein Antrieb zur inneren Aufrichtung bildet sich aus, wodurch sie nicht mehr so leicht der Niedergedrücktheit verfällt.

Durch die Sprache können sich neue Geistimpulse in der Welt verkörpern. Wir brauchen uns nicht bloß dem zu widmen, was in fertiger Erscheinung uns umgibt. Alles, was zur Verhärtung drängt, läßt sich wieder auflockern. Dabei äußern sich jene Kräfte, welche die Schöpfung weiterleiten. Die Begegnung mit ihnen können wir uns durch künstlerische Bemühungen verschaffen, nicht aber durch ein technisches Medium. Dieses konserviert lediglich das bereits Vorhandene. Wir nehmen nicht am Schöpferischen, sondern nur an seinen Überresten teil. Die Seele bleibt eingeschnürt, weil nichts Lebendiges dahinter ist.

Das direkt Gesprochene läßt einen ganzen Kosmos erahnen. Jede schöpferische Handlung stellt einen geistigen Organismus dar, in den wir einverwoben sein können. Durch Medien, angefangen bei der Fotografie, töten wir einen solchen ab. Es wird geraubt, was das Kunstwerk unserem Wesen schenken will. In der technischen Abnabelung bleibt lediglich eine Spur davon zurück, nicht der ursprüngliche Prozeß. Er läßt sich nicht fesseln. Wir werden praktisch von weggeworfenen Schalen unterhalten.

Damit wir mit dem schaffenden Geist voranschreiten

können, bietet ihm die Kunst eine passende Gestalt, die den Einklang zu unserer eigenen Seelenverfassung in erhellender Weise zustande bringt. Das läßt sich bei Musik und Gesang besonders gut empfinden. Durch die enge Beziehung der Musik zu unserem eigenen rhythmischen System – zum Bereich unseres Fühlens – erschließt sich uns ihr Sinn unmittelbar beim Hören. Im Augenblick des Erklingens durchstrahlt und durchdringt sie alle Bereiche unseres Wesens. Sie spiegelt unsere verschiedenen Stimmungen und Bewußtseinszustände, so daß wir uns zutiefst bestätigt fühlen.

In der Sprachkunst müssen wir uns selbst um das bemühen, was die Musik schon beinhalten kann. Harmonische Musik schenkt uns Gewißheit über jene geistigen Ziele, zu denen wir uns erst langsam hinbewegen. Im sprachlichen Umgang erweist sich, was wir bereits erreicht haben. Die übende Beschäftigung mit Musik und Sprache bewirkt, daß widerstrebende Kräfte im eigenen Innern zum Ausgleich gelangen. Dadurch können wir der Verunsicherung des äußeren Daseins mit mehr Festigkeit begegnen.

Der Musik wie der Sprache liegt eine gestaltete Bewegung zugrunde, die an uns herandringt oder aus uns erklingt. Die Kunst der Eurythmie – ein Kind der Anthroposophie – verdeutlicht dies und baut zugleich darauf auf. Sonst nur hörbare Formen des Sprechens und der Musik erstehen als sichtbare Bewegungskunst. Die aufrechte Ruhe der menschlichen Gestalt lockert sich in spielerischer Weise auf. Was in Geist und Seele lebt, wird über Laute und Töne vom Körper aufgenommen und begleitet. Unser ganzer Leib wird zu einem Organ, das sich den Tönen oder Lauten gemäß verhält. Alle Glieder sind davon erfaßt. Es beginnt ein Malen des gesamten Menschen, wodurch wir uns aus der Kopfgebundenheit lösen können.

Bei der Eurythmie bewegen wir uns nicht nach physischen, sondern nach ätherischen Gesetzen. Jede körperliche Handlung ist in eine höhere Ordnung eingefügt. Wer Eurythmie praktiziert, wird in seinem ganzen Verhalten immer bewußter von Lebensimpulsen geführt werden. Zur

Gebundenheit an die Erde tritt eine erleichternde Befreiung hinzu. Die Schwierigkeiten im täglichen Leben lassen sich besser meistern, da sich bis in den Leib eine geistige Stärke manifestiert.

Echte Kunst holt Kräfte aus der Welt und bietet sie uns an. Durch strenges Ringen und geduldige Hingabe offenbart sich das zwischen uns waltende Übersinnliche. Unser Wahrnehmungsvermögen verfeinert sich, so daß wir spezifische Qualitäten aus unserer Umgebung herausholen und anschaubar machen können. Gleichzeitig sind wir empfindlicher gegenüber allen Bedrängnissen im Äußeren, so daß wir wacher arbeiten können und vor Fehlleistungen bewahrt werden, und zwar in dreierlei Abstufungen:

1. Die bildenden Künste der Malerei und des Plastizierens, aber auch die Schriftstellerei machen uns aufmerksamer für das Sichtbare sowie für Beeinträchtigungen durch die Elektrizität. Wir lernen, selbst mit Lichtkräften umzugehen (während die Elektrizität, wie wir gesehen haben, dies nur von außen her tut).

2. Die musikalischen und sprechenden Künste bewirken, daß wir Tonkräfte konstruktiv nutzen lernen, anstatt sie – wie mit Hilfe des Magnetismus – materiell einzufangen und festzubinden.

3. Die Eurythmie, ferner die noch zu schildernde geistige Übung (Meditation) erschließen uns Pforten zu den Keimkräften des Lebendigen, die neue Gestaltbildungen ermöglichen. Lebendige Formen sind besonders durch radioaktive Strahlung bedroht (Gefahr von Mißbildungen), weshalb wir uns vor letzterer desto mehr schützen werden.

Mit einer dreifachen Erhebung können wir uns so der Gewalt des Untersinnlichen entgegenstemmen. In irdisch wahrnehmbare Formen, Klänge und Handlungen läßt sich mit der Kunst ein höherer geistiger Zusammenhang einverweben, der unserer Existenz tiefere Bedeutung verleiht. Deshalb sind schöpferische Werke lebenswichtig zu nennen. Sie verleihen uns den Ansporn, den Mut und die Ausdauer zum weiteren Schaffen in der Welt.

Die Technik ist an profanen Zwecken und vordergründigen Bedürfnissen ausgerichtet. Sie verletzt vielfach die Werke der Schöpfung. Kunst dagegen kann versöhnend wirken. Sie baut auf der Natur auf, ohne sie zerstören zu müssen.

Durch die Kunst können wir jederzeit eine Änderung unseres Lebens erreichen und verhindern, daß wir von der Technik völlig überwältigt werden. Schöpferische Eindrücke haften tiefer in der Seele als gewöhnliche Sinneswahrnehmungen: Es erfolgt eine Auslese bezüglich des Wesentlichen.

Die vergehende Natur richtet mannigfache Appelle an uns. Mit der Kunst können wir in vielfältiger Weise darauf eingehen. Das einzelne Werk verschwindet wohl wieder. Aber die Antworten, welche die Seele darin entdeckt, können uns weiter anregen. Hier werden die Felder der Zukunft beackert und Samen für kommende Zeiten gelegt.

Die Farben als Schlüssel der sichtbaren Erscheinungen

Die Welt dauert zwar auch im Dunkeln fort, bleibt uns jedoch weitgehend verborgen. Ihre Farben und Gestaltungen treten erst mit dem Licht hervor. Das Licht macht die Welt für uns offenbar. Im Finsteren lebt zwar alles weiter, es verbirgt sich jedoch wie unser inneres Wesen. Erst im Licht werden die Gegenstände unserer Umwelt sichtbar und zeigen ihre Qualität. Insbesondere die Farben sind mehr, als die meisten von uns wohl ahnen: eine Art Schlüssel zu den sichtbaren Erscheinungen.

Das Licht selbst hat keine Farbe. Sein sinnlicher Repräsentant ist das Weiß. Darin würde alles zur Einheit verschmelzen, wenn nicht die Kontraste da wären, wie sie im Schwarz hervorstechen, schon in der Schrift. Hier wirkt etwas von der Dunkelheit am Tage weiter. Der Gegensatz von Helle und Finsternis trägt Ursprünglicheres in sich als die Farben. Sie bilden sich erst durch die Auseinandersetzung dieser Kräfte mit den irdischen Erscheinungen beziehungsweise durch das Dominieren der Richtung des lichtvollen Sich-Äußerns oder des dunklen Sich-Abgrenzens.

Zur farbigen Sichtbarkeit gelangen sämtliche irdischen Erscheinungen erst mit dem Licht. Sein Eintreten in die Schöpfung zaubert sozusagen hervor, was wesenhaft auch in der Dunkelheit vorhanden ist. Wie sich das sinnliche Erscheinen in allen Einzelheiten begreifen läßt, hat Johann Wolfgang von Goethe auf vorbildliche Art an den Farben und ihrem Entstehen zwischen Helle und Verfinsterung dargelegt (in seiner Farbenlehre).

Um Goethes Methode zu erläutern, gehen wir aus vom reinen Licht. Wird es getrübt, ergeben sich gelb, orange und sodann rot. Umgekehrt ergeben sich violett und blau durch eine Aufhellung des Dunklen. Durch die Begegnung zwischen gelb und blau läßt sich die Farbe grün erzeugen. Diesen Übergang kennt die moderne Physik mit den Spektralfarben. Aber sie beschäftigt sich kaum mit der anderen Seite des von Goethe geschilderten Farbkreises: dem in der Begegnung zwischen violett und rot auftretenden Purpur.

Goethe sah in den Farben kein abgeschnittenes, isoliertes Band, sondern eine Ganzheit in einem lebendigen Kreis. Dem Grün gegenüber beschrieb er das Pfirsichblüt. Es stellt die höchste »Steigerung« im Purpurbereich dar, wie Rudolf Steiner in seiner an Goethe anknüpfenden Forschung weiter ausarbeitete.

Beschäftigen wir uns mit dem Goetheschen Farbkreis näher, kann er uns zum Schlüssel der Natur und der Stellung des Menschen in ihr werden. Der Anordnung der Farben entsprechen folgende Beobachtungen: Durch grün zeigen sich die belebten Formen, welche bei den Pflanzen dominieren. Sie sind ganz aus dem Licht der Sonne geboren. Der entgegengesetzte Pol ist zu finden bei der Inkarnatfarbe des Menschen, welche sich durch seine Haut bemerkbar macht und dem Pfirsichblüt entspricht. An den gelblich-rötlichen Farben können wir eine aktive, herausgehende Bewegung erleben, die wir auch beim Tier beobachten, während die bläulich-violette Seite eine passive oder hereinnehmende Tendenz beinhaltet, die dem mineralischen Reich ähnelt.

Betrachten wir die Anordnung der den Naturreichen ent-

160

sprechenden Farben im Farbkreis, erkennen wir, daß die Naturreiche sich mit dem Menschen zusammen zu einem Kreuz verbinden. Uns steht die Pflanze so gegenüber, wie dem Purpur das Grün. Mit dem Tier dagegen steht der Bereich des Gelblich-Rötlichen dem mineralischen Bereich gegenüber, dem sich die blau-violetten Farben zuordnen lassen.

Mensch

Tier   Mineral

Pflanze

Ein Kreuz wurde also sichtbar in die Schöpfung eingezeichnet. Beim Menschen ist ein Sich-Erheben nach oben und bei der Pflanze ein Wurzeln nach unten vorhanden. Die Achse verläuft bei beiden senkrecht. Beim tierischen Körper und bei der Ausdehnung der mineralischen Flächen haben wir es überwiegend mit der Waagrechten zu tun.

Stellen wir das eher aktive Herausgehen des Tieres und das eher passive Hereinnehmen des Mineralreiches einander nochmals gegenüber, so läßt sich eine kreisförmige Bewegung in bezug auf Licht und Finsternis aufzeigen. Die eine Richtung führt von der Dunkelheit über deren Aktivierung zur sichtbaren Offenbarung, die andere von der Erhellung über ein Passivwerden zum Finsteren zurück. Dessen verborgenes Wesen ist uns noch unbekannt, weist aber gerade deshalb zu Höherem.

Dunkelheit

Aktivität   Passivität

Licht

Es ist also bemerkenswert, daß aus der Dunkelheit eine neue Aktivität hervorwachsen kann. Auch wenn sie sich äußerlich nicht kundgibt, ist sie dem Menschen in seinem höheren Bewußtsein zugänglich. Etwas davon schlummert

161

auch unter der Oberfläche des Mineralischen. Die moderne Technik bestätigt, welche enormen Kräfte hier sitzen.

Das Tier ist durch eigene Beweglichkeit gekennzeichnet, das Mineral durch seine nach außen hin starre Form. Die Pflanze repräsentiert das organische Leben, während sich im Menschen jene Geistigkeit bewußt manifestiert, die ohne ihn im Dunkel verharrt. Aus eigener Erfahrung lassen sich so den Kernbereichen des Farbkreises folgende Merkmale zuordnen:

Geist

Bewegung   Form

Leben

Auf dieselbe Weise läßt sich die Beziehung des physischen Leibes zum Mineral, des Ätherleibes zur Pflanze, des Astralleibes zum Tier und des menschlichen Ich zum Geistigen allgemein darstellen. Unser eigenes Wesen ist mit dem ganzen Farbkreis verbunden.

Ich

Astralleib   physischer Leib

Ätherleib

Bei all den angesprochenen, sich kreuzenden Polaritäten ist somit ein Zusammenhang mit dem Farbkreis zu entdecken. In diesem treffen wir auf ein umfassendes Zeugnis des gesamten Schöpfungsgeschehens. Er führt von pfirsichblüt über purpur-rötlich, rot, orange, gelb, grün, blau, indigo (dunkles blau), violett und purpur-violett zum Ausgangspunkt zurück. Die Farben und ihre Anordnung im Kreis umfassen alles, was in der Welt geschaffen wurde.

                    pfirsichblüt

purpur-   purpur-
    rötlich   violett

rot   violett

orange   indigo

    gelb   blau

              grün

In höchster Reinheit gibt es beim Purpur keine physikalische Meßbarkeit (keine Wellenlänge). Das übliche physikalische Farbspektrum beschreibt nur den Bereich von rot
über grün zu violett. Ferner gibt es noch die Ausdehnung in
eine äußere Wärmestrahlung – im Infrarot – und in das auf
die organischen Gestaltungen einwirkende Ultraviolett,
aber dies hat nichts mehr mit anschaubaren Farben zu tun.
Hier schließen die sich ausweitenden elektromagnetischen
Vorgänge beziehungsweise lebensauszehrende, in sich zer-
fallende Strahlungen an (zum Beispiel die Röntgenstrah-
lung). Darin erschöpft sich der sichtbare Bereich der Materie, nämlich im meßbaren Spektrum:

infrarot – rot orange gelb grün blau indigo violett – ultraviolett

Der sichtbare Bereich der Materie hebt sich also mit dem
Infrarot und dem Ultraviolett wieder auf. An seiner Grenze
kommt es zum Abstieg ins Untersinnliche, wohingegen die
Purpursphäre wie der Mensch selbst eine Überbrückung zur
übersinnlichen Welt darstellt, aus der er seine Stärkung
holt.
    Die Materie befindet sich in einer Art Wartezustand.
Pflanzen hüllen sie vielfach ein. Die Tiere ringen sich von
ihr los. In uns Menschen findet alles zur Ganzheit. Wir
können das sonst auseinanderstrebende Entwicklungsge-
schehen zusammenfassen. Das Blau-Violett darf uns nicht
erkalten lassen, sondern soll innere Wärme und Hingabe

anregen. Das Gelb-Rote braucht uns seelisch nicht zu erhitzen, wenn wir die Überwindung der Leidenschaften erlernen. Dazwischen steht das Grün, welches heute besonderen Schutz verlangt.

Die Farben begleiten ein Heraustreten, Schaffen und Zurückziehen des Lichtes. Ein ganzer Kosmos ist in dem genannten Kreis enthalten. Der Anfang und das Ende liegen im Purpur verborgen: im Unmeßbaren. Die geoffenbarte Welt entfaltet sich im Sinne der sieben Spektralfarben: vom rötlichen Ausstrahlen über ein relatives Gleichgewicht im Grün zum neuen Hereinnehmen im Violett. Eine Entsprechung hierzu ist auch die Jahreszeitenbewegung über Frühling, Sommer und Herbst. Der Winter ist ähnlich der ursprünglichen Dunkelheit oder aber einem neuen Beginn.

Zwei gesonderte Farben sind Gold und Silber. Letzteres umgibt uns als Mondfarbe in der Technik. Wir ziehen mit ihr gewissermaßen das Mondenhafte aus der Erde. Eine spiegelnde Kraft der Vergangenheit breitet sich aus und verursacht phantastische Wünsche. Diese verlieren allmählich ihre Substanz und münden in graue Verdüsterung ein. Als ein Verlust des silbrigen Glanzes läßt sich das Grau der modernen Zivilisation vor allem in den Städten erfahren.

Die Sonnenfarbe Gold treffen wir auf einer Vorstufe in der braunen Erde. Da ist noch viel Unreines hineingemischt, welches sich verbergen will oder zugedeckt bleibt. Durch menschliche Bearbeitung können sich jedoch goldenhafte Reifungsprozesse eingliedern, wie sie zum Beispiel in der Getreideernte zu erahnen sind.

Silber ist wie ein zurückgebliebenes, kaltes Licht. Beim Gold haben wir eine neue, liebevolle Durchwärmung vor uns.

Aus solcher Betrachtung lassen sich die Farben als Wesen erfahren, welche sich nähern, sich verkörpern und sich entfernen. Einiges Ungewandelte bleibt übrig, wie wir es etwa bei dem abfallenden Laub beobachten, aus dem sich die herbstliche Farbigkeit wieder zurückgezogen hat.

In unserer Alltagssprache ist auch von Farbtönen die Rede. Dies will besagen, daß zwischen den einzelnen Farben mannigfache zusätzliche Übergänge zu studieren sind. Je nachdem, wieviel Licht oder Finsternis in das einzelne Farbwesen hineingemischt ist, unterscheiden wir hellere und dunklere Farbtöne. Die anfänglichen Einschätzungen solcher Unterschiede bleiben wechselhaft. Durch bewußte Übung im Zusammenschauen und Vergleichen entwickeln wir jedoch eine eigene Sprache, die sowohl die äußere Beschaffenheit bestimmter Prozesse berücksichtigt (etwa Kräftiges oder Zarteres) als auch von unserer individuellen Lage (beispielsweise freudig, erregt oder gedämpft) abhängt.

Zu einem Kosmos seelischer Wirkungen und Ausdrucksmöglichkeiten wird uns das Gebiet der Farben. Gelbliche Töne empfinden wir als eindringlich (oft auch aufdringlich), vom Bläulichen fühlen wir uns mehr getragen. Das Rote kann auf uns aggressiv wirken oder aber sich liebevoll mitteilen. Ein Violett vermag sehr fromme Empfindungen zu vermitteln, die jedoch auch heuchlerisch werden können. Jede Farbe ist wieder eine Welt im Kleinen mit vielen Gegensätzen.

Die Wirksamkeit der Farben bleibt so nicht dem Auge vorbehalten, sie greift tief in die Lebenskräfte und ihre organischen Bewegungen ein. Darin liegt die Grundlage der Farbtherapie verborgen. Sie kann leibliche Prozesse sowohl anregen als auch mäßigen. Eine Orientierung für das therapeutische Vorgehen sind die »Nachbilder« im Auge, die als Antwort auf vorheriges Blicken auf eine Farbenfläche entstehen. Wenn von draußen her beispielsweise das Wegstrebende dominiert (bläulich), so aktiviert uns dies innerlich; bei herankommenden Tendenzen hingegen (rötlicher Art) kann sich der Organismus eher besänftigen. Je nachdem, ob also ein Mensch mehr einer Belebung oder einer Beruhigung bedarf, wird sich die Therapie der einen oder der anderen Farbrichtung zuwenden.

Für die Wirksamkeit der Farben gilt das Gesetz der Anziehung und Abstoßung. Ein grober Mißbrauch dieser Erkenntnis findet in der Werbewirtschaft statt. Schöne Verheißungen sind dort mit knalligen Effekten vermischt. Grelle Farben hacken auf uns ein und appellieren an egoistische Erwartungen. Man wird angetrieben, die künstlich angestachelte Gier zu befriedigen. Im Grunde geschieht so auch eine Umweltverschmutzung. Mancher gewaltsame Eindruck kann sich wie Gift in uns festsetzen. Das Schlimme ist, daß wir es schon beim bloßen Anblicken aufnehmen.

Die Seele vereinigt sich mit dem, womit sie umgeht. Dies zeigt die ursprüngliche Reinheit der Sinne. Weil wir uns das Aufgenommene so schnell aneignen, sind wir jedoch sehr leicht beeinflußbar, wenn wir uns nicht geistig erziehen. Ohne diese Bemühung kommt es zu immer mehr Störungen durch das Wahrnehmungsorgan selbst. Heinrich Proskauer erläuterte in einem Aufsatz über »Sehsinn und Bewegungssinn beim malerischen Gestalten« hierzu: »Es ist das kranke Auge, das sich beim Sehen selbst mitempfindet. Das gesunde Sehen löst sich wie vom Leibe los, um gewissermaßen in die Farbe einzutauchen und dabei das Bewußtsein mehr oder weniger zu verlieren, das dann, durch die Funktion des Augenlides und die Bewegungen der Augenmuskeln beim Verfolgen einer Linienform, sofort wieder am Körper erweckt wird.«

Wir müssen uns nicht allem zuwenden, was uns umgibt, sondern können das Wahrnehmen willentlich lenken. Eine Auswahl und ein Aufsuchen neuer Erscheinungen ist möglich, ebenso ein Verändern. Die Sinneswelt darf allerdings niemals etwas Abgeschlossenes für uns sein. Durch unser Schaffen und Verhalten tragen wir im übrigen selbst zu dem bei, was andere Menschen empfinden. Darum ist es stets von großer Bedeutung, welche Farben wir verwenden. Durch sie können wir einen Lebensatem durch die Welt senden, an dem die Seele sich zu erfreuen vermag. – Bei aus Pflanzen hergestellten Farben ist dieser atmende Charakter besonders intensiv zu spüren. Sie erstrahlen lichtvoller als künstliche Farben, müssen aber weit individueller behandelt werden, je nachdem, von welchen Blüten, Blättern oder Wurzeln sie stammen. Durch ihre Verwendung vermitteln wir der Umwelt, wie die Schöpfung ein inneres Aufleuchten, nicht bloß äußeren Schein zustande bringen kann.

166

Die Seele benötigt die Farbigkeit als tägliche »Erfrischung«. An völliger Eintönigkeit müßte sie zugrunde gehen. Am geeignetsten ist für die Seele eine ausgewogene Vielfalt. Eine solche Umgebung schenkt uns immer neue Anstöße für die Weiterentwicklung.

Qualitätsfragen des Wohnens

Wenn wir bedenken, daß sich alle und gerade auch die unwillkürlichen Wahrnehmungen in uns festsetzen, so erhalten sehr viele Fragen einen ganz anderen Stellenwert. Ein unbestimmtes Gefühl, daß wir sowohl am Arbeitsplatz wie auch in unserer privaten Umgebung zunehmenden Belastungen unterworfen sind, verdichtet sich bei vielen von uns. Das Bewußtsein, daß hier Gefahren für die Gesundheit lauern, verstärkt unsere Abwehrhaltung und damit den Willen, dies nicht hinzunehmen, sondern zu beheben. Wir sind eben nicht nur im Leib zu Hause. Alles aus der Umwelt gräbt sich in uns ein. Deshalb sollten wir etwas tun gegen die negativen Folgen von Industrialisierung und Technisierung, welche zur ständigen Verschlechterung der Wohnqualität und damit des Lebenswertes besonders in den Städten führen. Erstaunlich bleibt, daß die Bewohner dies so lange akzeptieren. Sollte das zeigen, daß ihr Wahrnehmen oft schon »tot« ist?

Die heutigen Städte bewirken – schon durch ihre riesigen Formen – eine Terrorisierung der Sinne. Durch die inzwischen weltweit verbreiteten, in Massenproduktion hergestellten Betonklötze erscheinen viele städtische Großräume von oben gesehen als tiefe Wunde in der Natur. Sie gliedern sich in keine Umgebung ein, sondern heben sich radikal von ihr ab. Gigantische Gebäude drücken auch unsere Seele zusammen, und diese Wirkung wird vom Lärm noch zusätzlich verstärkt. Der Autoverkehr ist meist so kanalisiert, daß sich in den Hauptverkehrsstraßen alles zu schlimmstem Getöse steigert. Es wäre ein Wunder, wenn solche Bedingungen nicht unser Inneres verunstalten.

Da in den Städten eine abbauende Tendenz überwiegt, sind die in Ballungszentren wohnenden Menschen auf das umliegende Land als Lebensquelle um so mehr angewiesen. Die Gebiete der Erneuerung werden von der technischen Unternatur jedoch immer weiter zurückgedrängt. Wenn diese Mißstände nicht zum Ausgangspunkt werden für unser geistiges Erwachen, so droht der Natur der Untergang.

Am Tod der Städte müssen wir erwachen für das Leben der Welt. Derzeit vermitteln sie uns kein gesundes Grundgefühl mehr. Wir müssen große Anstrengungen unternehmen, um neue seelische Harmoniekräfte zu erlangen, die wir dringend benötigen. Meditative Einkehr und künstlerisches Schaffen können dabei hilfreich sein, verlangen jedoch bei jedem einzelnen persönliche Initiative.

Ein großes Problem ist heute, daß sich viele Menschen von der Monumentalität der Städte praktisch hypnotisieren und bannen lassen. Die Rohheit und Häßlichkeit stößt in Seelen hinein, welche wenig Gegenwehr zeigen. Sie gehen darin auf, anstatt sich selbständig zu behaupten, die negativen Seiten zu erkennen und einen bewußten Ausgleich zu suchen. Wir müssen die Gewalt endlich durchschauen, die systematisch vor allem in die Großstädte eingebaut wurde, sonst sind wir den destruktiven Nachwirkungen ausgeliefert. Aggressive Wahrnehmungen erzeugen eine Art Antileben in uns. Ihm läßt sich nicht durch passives Erdulden begegnen. Wir sollten der Umwelt aktiv von uns aus etwas entgegensetzen, damit der mörderische Charakter der städtischen Zivilisation gar nicht erst in uns einziehen kann.

Es kann nicht deutlich genug betont werden, daß alles, was über die Sinne in uns eindringt, sich früher oder später in anderer Form wieder bemerkbar macht. So sind die Unruhe und der Zerstörungsdrang, die man heute bei vielen jungen Leuten beobachtet, zu verstehen als Reaktion auf eine Gewalt, die von frühen Jahren an in sie eingedrungen ist. Wenn heute immer mehr Kinderzimmer einem Maschinenpark ähneln, ist zu befürchten, daß wir bald mit den Folgen der eigenen Versäumnisse konfrontiert werden. Die zivilisatorischen Verfehlungen fallen auf uns selbst zurück und bereiten uns im nachhinein größte Schwierigkeiten.

Unsere Sinne lassen sich vielleicht mißbrauchen, aber sie lassen sich nicht ausschalten. Dies nicht wahrhaben zu wollen, läuft auf eine Negierung der Seele hinaus. Wo man beispielsweise den Lärm nicht verringert, nimmt man bewußt die Schwerhörigkeit in Kauf und bereitet so letztlich der Abschaffung des Menschen den Weg. Er wird dann immer mehr durch Apparate und Roboter ersetzt, denn er »stört« die unerbittliche Ausdehnung der Technik, weil ihm jedes Übermaß an Größe, Schnelligkeit oder Lautstärke schadet.

Ein beträchtlicher Teil gegenwärtiger Stadtplanung hat sich offenbar der Menschenfeindlichkeit verschrieben. In intellektueller Manier wird ohne Rücksicht auf Leib und Seele geplant – und der Ansturm unternatürlicher Gewalten gefördert. Daran hat nicht weniges in der modernen Kunst Anteil, das weit entfernt ist von organischer oder harmonischer Formgebung.

Der Widerstand der meisten Menschen scheint zunächst noch gelähmt. Doch die erlittene Qual regt zunehmende Gegenbewegungen von Menschen an, die sich vom dämonischen Anstürmen nicht blind überrollen lassen wollen. Zu lange wurden bei der Planung in Städten und Dörfern die Wünsche und Bedürfnisse der Menschen, die dort schon sind oder einmal wohnen sollen, überhaupt nicht bedacht. Allmählich jedoch werden immer mehr Individuen wachgerüttelt. Sie fordern Mitsprache bei der Gestaltung ihres Umfeldes. Solche Bemühungen mögen manchen aussichtslos erscheinen, da nicht sofort eine Besserung sichtbar wird. Anstatt jedoch zu resignieren, sollten sich die Einsichtigen zusammentun und kontinuierlich auf eine Gesundung der Verhältnisse hinarbeiten.

Wir sollten die Hoffnung nie aufgeben, auf lange Sicht durch unser Handeln schließlich etwas zu erreichen. Während von außen die Ergebnisse auf sich warten lassen, können wir immerhin in unserem individuellen Wohnbereich sehr schnell unsere Vorstellungen von einer menschengemäßen Umwelt realisieren. Dabei sollten wir beachten, daß unsere Seele nicht in den Grenzen des Leibes verharrt, sondern dieser ihr nur als eine Art Stütze dient, von der aus sie die Umgebung durchwandert. Diese Erkenntnis ist von grundsätzlicher Bedeutung für die Errichtung und Ausgestaltung von Gebäuden. Sind die Innenräume zu eng und zu düster, empfinden wir ein Gefühl der Niedergeschlagenheit; in allzu offenen Räumen werden wir eher abgelenkt, vor allem bei geistiger Arbeit.

Helle, aber geschlossene Räume vermitteln uns ein Gefühl der geborgenen Freiheit. Die Seele kann ausströmen, ohne zu zerfließen. Bei der Planung größerer Räume muß auch die Akustik bedacht werden. Sie sollten so gebaut sein, daß wir nicht zwangsläufig von elektronischer Verstärkung abhängig sind, denn dadurch wird auf jeden Fall die Qualität des geistigen Verstehens vermindert; in die Sprache schiebt sich eine störende Mechanik ein.

Was die künstliche Beleuchtung betrifft, so sollten wir sie immer nur als Ergänzung, aber nicht als Ersatz für die Tageshelle anwenden. Das natürliche Licht ist stets vorzuziehen. Bei der Installation von Lampen müßte darauf geachtet werden, daß sie nicht zu grell wirken, weil dies jede Gemütlichkeit unmöglich macht; man sitzt wie entblößt da. Im Grunde sollten sich die Menschen – egal ob in Schulen, Bibliotheken oder am Arbeitsplatz – weigern, längere Zeit in Räumen zu bleiben, in denen es keine Fenster gibt und das Leuchtstofflicht mit massiver Aufdringlichkeit von ihnen Besitz ergreift. Sie werden dadurch nicht nur körperlich angegriffen, sondern auch geistig gewissermaßen automatisiert.

Eine persönlichere und damit auch menschlichere Atmosphäre stellt sich dann ein, wenn ein Zimmer in ruhiger Art, vielleicht sogar mit Pflanzenfarben ausgemalt ist. An Stätten, wo sich Menschen zu geistigen und künstlerischen Beschäftigungen versammeln oder therapeutisch arbeiten, bilden solcherart ausgestaltete Räume eine hilfreiche Umrahmung.

Der eigentliche Sinn von Behausungen ist es, den Menschen einen Schutz zu bieten. Eine ergänzende Funktion hat hier die Kleidung: Das Feste und das Flüssige sind durch unseren Leib nach außen abgegrenzt; der Luftorganismus und der Wärmeorganismus dagegen sind der Welt preisgegeben und bedürfen einer bewußteren Regelung. Neben der Wohnung brauchen wir mit der Kleidung eine zusätzliche Hülle, so daß wir selbständiger auf Erden handeln können.

Jedes Haus kann ein kleines Schöpfungswerk sein, ein sozialer Leib, der als Mitte zwischen unserem individuellen Körper und der irdisch-kosmischen Welt uns schützt und zugleich offen ist, um die Begegnung mit anderen zu ermöglichen. Es würde für unsere Seele eine regelrechte Strapaze bedeuten, wenn sie dauernd der großen Welt ausgesetzt wäre. Damit sie sich selbst weiterentwickeln kann, benötigt sie atmende Hüllen. Ein Kind fühlt sich heimischer und geborgener, wenn wir ihm innerhalb seines Zimmers einen kleineren Raum oder Nischen einrichten, von denen aus es die Welt entdecken kann.

In bezug auf einzelne Häuser, ja in der Architektur im allgemeinen, ist manchmal vom organischen Baustil die Rede. Dies meint nicht ein Imitieren pflanzlicher Formen, sondern vielmehr eine Vermittlung zwischen der äußeren Welt und unserer seelischen Entfaltung. Solche Hausformen bilden sich aus einem Gespräch unseres Wesens mit Weltenkräften heraus. Um das Wohlgefühl des Menschen zu fördern, ist es wichtig, die eckige Geistigkeit des Mineralischen – das heißt der überwiegenden jetzigen Baustoffe – aufzulockern. Der organische Stil orientiert sich am Menschen, nicht lediglich an Baustoffen. Er will uns nicht abkapseln, sondern den Austausch mit Welt und Mensch unterstützen.

Wesentlich für unsere Weiterentwicklung ist auch die Beachtung der Wärmeprozesse. Wir müssen selbst dafür sorgen, daß eine gewisse Temperaturkonstanz gewährleistet ist. Während wir in der freien Natur sowohl extremer Kälte als auch direkter Sonnenstrahlung unmittelbar ausgesetzt sind, können die Häuser für uns Orte der Mäßigung und der freien Eigenentfaltung sein.

Von der Umwelt gehen immer die verschiedensten Kräfte aus; sie sollen unsere Seele berühren, dürfen sie aber nicht allzu sehr beeinträchtigen. Wir werden stets weniger oder mehr von dem beeinflußt, was uns sinnlich umgibt. Die Umgebung regt uns an oder schwächt uns – je nach den an uns weitergeleiteten Eindrücken. Ist etwas äußerlich sehr massiv, belastet es fast zwangsläufig unsere innere Verfassung. An maßvollen Stätten kann dagegen ein seelisches Aufatmen erfolgen. Unsere Seele wird so – je nach Gestaltung der Umwelt – aufgelichtet oder verfinstert. Das eigene Werden wird von einer durch organischen Baustil und künstlerische Formen geprägten Umwelt mitgetragen. Dabei hat auch das verwendete Material große Bedeutung. Es ist durchaus nicht dasselbe, ob Holz, Beton oder Plastik verwendet wird. Immer geht etwas auf unser Inneres über, weil alles in ganz enger Beziehung zu den Sinnen steht. Der Beton sollte beim Hausbau maßvoll eingesetzt werden, Plastik möglichst gar nicht.

Jedes unserer Werke hat Auswirkungen auf die Mitmenschen. Es ist deshalb immer falsch, wenn erklärt wird, der einzelne könne nichts bewirken. Mit allem Handeln leitet er Kräfte weiter. Die Heilung des vielfach verwundeten seelischen Lebens ist undenkbar ohne eine unserem Wesen entsprechende Veränderung der Umwelt. Diese brauchen – und sollten – wir nicht anderen, angeblich »Verantwortlichen« überlassen. Jeder einzelne kann durch sein Erkennen und Handeln zu einer Verbesserung beitragen.

7 Erziehung als Lebensprozeß

Wollen wir die Sinne genau kennenlernen, müssen wir das Kind studieren. Es lebt ganz in ihnen, und auf seiner Wahrnehmungsfähigkeit gründet alles spätere Lernvermögen. In den ersten Lebensjahren nimmt der Mensch fast nur auf. Kein anderes Wesen ist auf Sinneseindrücke so sehr angewiesen wie der Mensch, um sämtliche Lebensvorgänge gesund zu entfalten. In der Kindheit stehen ihm noch alle Möglichkeiten offen. Hier entscheidet sich aber auch, was später aus ihm wird.

Es hat in letzter Zeit immer mehr Beachtung gefunden, daß schon vor der Geburt die Umgebung einen wichtigen Einfluß auf den Menschen ausübt. Auch der physische und psychische Zustand der Mutter wirkt sich über den Organismus direkt auf die Entwicklung des Kindes aus. Deshalb sollte sie sich während der Schwangerschaft möglichst ruhigen und schönen Eindrücken aussetzen. Alles andere kann eine Beeinträchtigung für das werdende Kind bedeuten, auf das sich vieles überträgt, was draußen geschieht. Da der Embryo sich noch nicht äußern kann, müssen die Erwachsenen um so wachsamer auf eventuelle schädliche Wirkungen achten. Letzteres gilt genauso für den Säugling. Dieser kann sich allerdings auch schon selbst äußern, und die Mutter kann aus seinen Reaktionen, wenn sie ihn aufmerksam beobachtet, sehr gut ablesen, ob er schreit, weil er Hunger hat oder weil er Zuwendung oder gar Hilfe braucht. Im Grunde ist das Schreien also bereits eine Sprache. Dadurch kommen werdende Seelenkräfte zum Ausdruck.

Jeder junge Mensch muß die Umwelt mühsam neu für sich »erobern«. Er wird weniger von ererbten Anlagen geführt als jedes Tier. Tast- und Bewegungssinn verfeinern sich durch den spielerischen Umgang mit dem Körper, der

Gleichgewichtssinn erfährt sich in selbständiger Betätigung mit der Aufrichtung von Kopf, Rumpf und Gliedern. Seine Entfaltung schließt an soziale Akte an, denn dabei wirkt, vor allem über Hören und Sehen, ein Wahrnehmen der anderen mit.

Die wichtigste Rolle für die Entwicklung des Kindes spielt natürlicherweise von Anfang an die Mutter. Ihre Wärme, ihre Stimme – ja alles, was das Kind an ihr wahrnimmt (zum Beispiel auch Geruch oder Geschmack bei der Muttermilch), ist gerade für die Ausprägung der Sinne von größter Bedeutung. Mit der Zeit ändert sich die Bedeutung der Mutter allerdings; für die Entwicklung des Kindes werden, zunächst über den Vater, immer mehr auch andere Personen wichtig, mit denen das Kind zusammentrifft. Die Familie repräsentiert für das Kind die Außenwelt. Über sie entdeckt es alles übrige.

Der Einfluß der Erwachsenen ist besonders entscheidend für die Ausbildung der oberen Sinne. Ohne ihr Vorbild und ihre Unterstützung könnte sich beim Kind nur ganz bedingt ein eigenes Sprechen und Denken entwickeln, und die Ausbildung seines Ich-Bewußtseins wäre auf jeden Fall in Frage gestellt. Ein individuelles Ich-Erlebnis setzt Sprechen und Denken voraus; es findet erstmals im Alter von etwa drei Jahren statt.

Das Sprechen bildet sich durch das Wahrnehmen des Verhältnisses von Wort und Handlung bei den Erwachsenen heraus. Ein Kind hört nicht nur Laute, sondern nimmt zugleich die Beziehung des Gehörten zu den damit verknüpften Handlungen wahr. Dies prägt sich bei jeder Wiederholung und durch den Gebrauch in ähnlichen Situationen tiefer ein. So entsteht der Sprachsinn.

Später lernt das Kind, die Worte abgelöst von direkten Handlungen als Ausdruck von Gedanken zu verstehen und die Sprache auch selbst zu gebrauchen. Der Umgang mit der relativ abstrakt gewordenen Welt der Sprache gelingt dem Kind um so besser, je mehr sich das Reden und Tun der anderen Menschen durch klare geistige Konsequenz auszeichnet. Durch die Erfahrung einer möglichst großen

174

Übereinstimmung von Denken und Verhalten bei den Menschen seiner Umgebung erlangt das Kind so die Fähigkeit, geistige Zusammenhänge zu begreifen.

Alles, was wir tun und äußern, trifft beim Kind auf offene und unverbildete Sinnesorgane. Sie zeichnen sich aus durch größte Empfindlichkeit – und diese begründet eine ebenso große Empfänglichkeit. Das gilt es, sich bewußt zu machen und in der Erziehung zu berücksichtigen. Das Kind sollte möglichst viele positive Anregungen erhalten und von unseren eigenen Problemen möglichst verschont bleiben. Denn wir müssen immer daran denken, daß das Kind alles aufnimmt und durch unsere Gesinnung, unser Reden und Handeln bis ins Leibliche hinein nachhaltig bestimmt wird.

Erziehung fordert von uns somit auch die Lösung und Überwindung der vielfältigen eigenen Lebensschwierigkeiten. Darauf weist der Dichter Albert Steffen hin, wenn er von »Selbsterziehung des Kindes wegen« schreibt. Echte Erziehungsfähigkeit setzt die ständige Arbeit an uns selbst voraus. Mit ihr wandelt sich alles, und so erlebt das Kind nicht fixierte Zustände, sondern werdende Individuen.

Im Grunde entwickeln wir uns dauernd weiter. Jede Begegnung mit Menschen verändert uns. Die Wirkung der Erwachsenen auf heranwachsende Kinder ist jedoch viel tiefgreifender: mit konkreten Folgen bis in ihre Leibesbildung hinein. Bei gefährdeten äußeren Lebensbedingungen wäre es ratsam, mit der Familie eine kleine ökologische Insel aufzubauen, so daß die Jüngsten in ihrer Leibesgestaltung geschont werden. Ohne eine Zone der Geborgenheit ist der kindliche Organismus zu sehr und schutzlos Erstarrungskräften ausgesetzt, welche die Übereinstimmung von Körper, Seele und Geist beeinträchtigen. Vom Kind können so Anstöße ausgehen, um die Lage der Umwelt ernster zu nehmen.

In unserer heutigen Zeit, wo der Mensch von allen Seiten gefährdet ist, müssen wir Erwachsenen dafür sorgen, daß dem Kind genügend Raum zur natürlichen Entfaltung des eigenen Wesens und zur allmählichen Entdeckung seiner

Umwelt bleibt. In diesem Prozeß kommt dem kindlichen Spiel große Bedeutung zu. Im Spiel werden die geistige und die physische Beweglichkeit gleichermaßen gefördert. Das schafft die Voraussetzung für eine spätere aktive Teilnahme am gesellschaftlichen Leben. Das Individuum lernt, sich nicht einfach an die Umwelt anzupassen, sondern sich selbst zu behaupten, sich frei mit der Umgebung zu verbinden beziehungsweise schöpferisch mit ihr auseinanderzusetzen. Eine wichtige Aufgabe des Erziehens ist, zu verhindern, daß sich die äußeren Dinge dem Kind mit Gewalt aufdrängen. Das Kind soll nicht in der Schwere der Welt versinken, sondern sie allmählich und selbständig »erforschen«. Läßt man ihm genügend Zeit, zu spielen, dann verbleibt ihm eine höhere Unbeschwertheit, die beim Älterwerden hilft, sich immer wieder freudig zum Handeln aufzuraffen, also nicht der Trägheit ausgeliefert zu sein.

Ein spielendes Kind ist in keine starre Ordnung eingebunden. Es steht in relativ lockerer Beziehung zur Welt und kann daraus Energien für alles spätere Tun gewinnen, anstatt sich zur Passivität verurteilt zu sehen und den Lebensmut zu verlieren. Der Wert eines Spiels ist allerdings nicht unabhängig von der Qualität der Materialien, mit denen das Kind dabei in Berührung kommt. Am besten wäre es, wenn für die Spiele nur Naturstoffe verwendet würden. Einfaches, aber qualitativ wertvolles Spielzeug regt die Phantasie der Kinder an. Komplizierte technische Konstruktionen schaffen dagegen nur innere Verwirrung. Man erreicht allenfalls, daß die Kinder mechanisch gefesselt sind. Die heute so beliebten elektronischen Geräte wirken wie Gift auf manche Seele. Wer den Kindern solches Spielzeug gibt, darf sich über Nervosität und Konzentrationsschwächen nicht wundern, denn er hat diese selbst mitverschuldet.

Genauso kurzsichtig ist es, den kindlichen Spieltrieb zu unterdrücken oder gar zu versuchen, ihn zu kanalisieren und einem bestimmten äußeren Zweck dienstbar zu machen. Das Kind wird dann zu schnell mit der Welt der Erwachsenen konfrontiert, ohne die hierfür notwendigen

176

Kräfte herangebildet zu haben. Zu schnelles Hereingezogenwerden erzeugt nichts anderes als völlig unmündiges Duckmäusertum.

Keineswegs kindgemäße, sondern verwirrende und in ihren Folgen unübersehbare Eindrücke werden jüngeren Menschen auch durch das Fernsehen sowie die oft gräßlichen Bildhefte (Comics) vermittelt. Diese können durch Präsentation und Inhalt schlimme Leidenschaften entfachen. Wesensfremde Triebimpulse überwältigen die noch schwache Seele und können letztlich zu Kriminalität und Rauschgiftsucht führen.

Ganz anders und weitaus positiver als die modernen Medien wirken dagegen Märchen. Sie zeigen dem Kind ein lebendiges Bilderreich, das seinen seelischen Erwartungen angemessen ist und zugleich auf das Schulalter vorbereitet. Viele Probleme, mit denen der junge Mensch sich dann konfrontiert sieht, treffen ihn nicht völlig überraschend und können somit nicht – bis in die Sexualsphäre hinein – unlösbare Konflikte hervorrufen. Märchen verleihen einen inneren Schutz und bereiten das Kind deshalb besser auf die Schule vor als alle modernen Lernspiele, die angeblich die Intelligenz der Kinder entwickeln sollen.

An dieser Stelle ergibt sich nun die Frage nach dem Sinn der Schule. Sie soll dem Heranwachsenden eine Begegnung mit den bisherigen kulturellen Errungenschaften erlauben – in der Form, wie es für das jeweilige Alter sinnvoll ist. Der Einstieg in ein bestimmtes Themengebiet ist erleichtert, wenn dies im Unterricht möglichst anschaulich dargestellt wird. Wo man lediglich trockene Begriffe vorbringt, wird im jungen Menschen ein Zwiespalt von Intellekt und Körperlichkeit bewirkt. Es setzt sich teilweise unverstandenes Wissen in ihm fest, mit dem sich kein lebendiges Tun verbindet. Dadurch verkümmern auch die Gefühle. Anschaulicher Unterricht dagegen begünstigt die Aufnahmefähigkeit von Seele und Geist.

Jede verfrühte intellektuelle Wissensüberladung ist für das Lernen hinderlich. Die Freude am selbständigen Sich-Aneignen wird vereitelt. Man meint, vieles schon zu kennen – und hat es doch nur so erfahren, wie es andere einschätzen.

Der Intellektualismus hungert die Seele aus, so daß sie keinen Drang nach freier Wahrheitssuche mehr verspürt. Man ist vollgestopft mit einem Haufen fremder Informationen, welche die eigenen geistigen Interessen verschütten. Um dennoch pädagogische Erfolge – in Wirklichkeit sind es Scheinerfolge – zu erzielen, wird in unseren Schulen das Mittel der Angst in Gestalt des Prüfungsdrucks benutzt. Dies zeitigt den ungewollten Effekt verdrängter Leidenschaften und Begierden, was noch verstärkt wird durch Sportarten, in denen das Wetteifern um die beste Plazierung am wichtigsten ist.

Ein wichtiges Ziel der Schule sollte sein, dem Schüler seelische Selbstbehauptung zu ermöglichen. Sie erreicht dies am besten durch eine Methode, die Raum für schöpferisch-künstlerische Betätigung läßt. Bei einer solchen Methode werden die Kinder auf aktive, nicht bloß informelle Art mit dem »Stoff« bekannt gemacht. Daran knüpfen – von seiten des Lehrers und später auch der Schüler selbst – Erzählungen oder Berichte von eigenen Erfahrungen auf kulturellem und sozialem Felde an. Erst danach hat das Erklärende seinen Platz – und seine Berechtigung. Beim Lernen von Fremdsprachen zum Beispiel sollte man möglichst spielerisch und mit praktischen Demonstrationen anfangen. Die Verbindung zu den neuen, noch unbekannten Wörtern ergibt sich dann auf organischem Weg. Es nützt wenig, Wissen oder Vokabeln stur einzupauken. Das Lebendige verkörpert stets den besten Lehrer.

Unser Ziel sollte sein, durch die Erziehung die Seele nach dem Geist hin zu öffnen und dem Leib gegenüber zu stärken. Es sind sehr wohl auch äußere Tätigkeiten einzubeziehen – etwa praktische Pflanzenkunde –, aber das Kind darf hierbei nicht überfordert werden. Der junge Mensch gleitet sonst in Abhängigkeiten, die ihn heute ohnehin mit massiver Aufdringlichkeit bedrohen, etwa durch die nahezu allgegenwärtige Technik. Wenn nicht zuvor genügend künstlerische Harmoniekräfte in die Seele einziehen konnten, gerät

178

sie leicht in den Sog negativer Einflüsse aus der Umgebung. So dringt ein, was unseren Schwächen – statt unseren Idealen – entspricht.

Bei der Erziehung des Kindes sind schon einfache Elemente wie Pünktlichkeit sehr wichtig. Es sollte lernen, daß das Leben nicht bloß individuellen Launen gehorcht. Wir müssen auf die Umwelt und unsere Mitmenschen Rücksicht nehmen und bedenken, daß wir durch unser Tun auf ihr Wesen einwirken. Gerade was das Lernen von sozialem Verhalten anbelangt, ist es für den Schüler bis vor die höheren Abschlußklassen von unschätzbarem Wert, wenn er einen Klassenlehrer als feste Bezugsperson hat. In ihm findet er jederzeit eine Stütze und Orientierung, die er gerade auch dann braucht, wenn er im dritten Jahrsiebt allmählich selbständig sein kann und das Bedürfnis entwickelt, eigene geistige Schritte zu unternehmen.

Im ersten Jahrsiebt, also etwa bis zum Zahnwechsel, nimmt das Kind hauptsächlich das wahr, was sich in der unmittelbaren räumlichen Umgebung vollzieht – diese Wahrnehmungen beeinflussen es jedoch nachhaltig bis in die leibliche Entwicklung. Die Seelenreifung vollzieht sich im zweiten Jahrsiebt, begleitet von der Geschlechtsreife. In dieser Periode ist das Kind außerordentlich aufnahmefähig für das Zeitlich-Historische – also für das, was überliefert ist und was der Schüler in lebendiger Art aufgreifen soll. Die Auseinandersetzung mit der Tradition führt schließlich zur Ich-Mündigkeit des Menschen sowie einem freien Verhältnis gegenüber Herkunft und Zukunft.

Wenn Jugendliche auf unsere heutige Gesellschaft mit Abwehr reagieren, kann gerade dies ein gesunder Hinweis darauf sein, daß etwas in ihr nicht mit den menschlichen Erwartungen übereinstimmt. Eine gewisse Abwehrhaltung wird bei manchen zum Beispiel durch die vielen hohlen Phrasen und zwiespältigen Reaktionen ausgelöst, die sich alltäglich kundgeben. Da berichtet eine Zeitschrift lang und empört über den Anstieg des Alkoholismus schon bei Kindern – und einige Seiten weiter ist schon eine attraktive Alkoholwerbung zur Stelle. Welch heuchlerische Moral!

Der einen Freiheitsdrang verspürende Jugendliche lehnt niemals die Welt der Erwachsenen generell ab; er widersetzt sich aber einem unwahren, unüberzeugten Handeln. Außerdem möchte er geistige Kräfte messen und eine Hilfestellung bekommen, um über enge Urteile oder gar Vorurteile hinauszugelangen. Sein Weltbild wird durch stets neue Wahrnehmungen und Erfahrungen beweglich gehalten.

Unser Ich möchte teilhaben am Lebendigen des anderen Menschen. Dadurch kann es einen Zugang zur eigenen schöpferischen Tätigkeit erringen, während das Gelehrtenhaft-Tote nur Abscheu erzeugt und die Seele schwächt, so wie sie sich umgekehrt ausweitet durch einen freien Umgang mit Worten und Begriffen. Ganz allgemein ist der Sinn jeglicher Bildung: daß sich unsere Kenntnis von natürlicher, sozialer und geistiger Welt beständig vertieft. In diesem Sinne ist Bildung nicht nur eine Angelegenheit der Institution Schule, sondern eine Aufgabe für die gesamte Existenz auf Erden.

Das Lernen und die Erinnerung

Eine entscheidende Voraussetzung für alles Lernen – und zwar nicht nur in der Schule – stellt unser Gedächtnis dar. Ohne Gedächtnis gäbe es keine Lernfähigkeit, denn sie setzt voraus, daß wir alles Neue auf Früheres beziehen können; dabei gelangen wir zu eigenen Einsichten. Eben deshalb ist die Qualität der Erinnerung im Zusammenhang mit der Wahrnehmung von großer Bedeutung. Wo wir früher ungenügende Eindrücke empfangen haben, ist das Verständnis für neue Erfahrungen eingeschränkt.

Hätten wir nicht die Fähigkeit, uns zu erinnern, müßte jeder alles von neuem lernen. Es wäre nicht nur ständig von vorn zu beginnen, vielmehr ginge uns auch verloren, was andere früher bereits erwerben konnten und uns überliefert haben. Jede Entwicklung und insbesondere jede Kultur wären dann undenkbar. Das Gedächtnis verleiht unseren Verbindungen zur sinnlichen Welt Dauer. Die Seele kann daran anknüpfen und selbst tätig werden, indem sie die gemachten Eindrücke auswertet.

Was geschieht doch nicht alles im Kind, während es zum Beispiel die Fähigkeiten des Sich-Aufrichtens und des Gehens erwirbt! Es lernt dabei elementare mathematische und physikalische Gesetze kennen. Mit diesen und anderen wissenschaftlichen Gebieten könnten wir uns später gar nicht beschäftigen, wenn wir nicht auf eigene Erfahrungen zurückgreifen könnten. Entsprechend wird auch vieles andere in frühen Jahren aufgenommen und lange Zeit bewahrt, um irgendwann aktiviert zu werden und neue Erkenntnisse zu ermöglichen.

Das Kind lernt spielend. Je älter wir werden, um so mehr Mühe haben wir, uns etwas Neues anzueignen und einzuprägen. Wir sind schon zu sehr mit Fertigkeiten beladen, die in jungen Jahren in uns veranlagt wurden. Aus diesem Grunde sollten wir darauf achten, daß Heranwachsende nicht zu früh mit Wissen und Problemen vollgestopft werden, weil sonst die geistige Entwicklungsfähigkeit leidet. Es ist viel besser, dem Kind Zeit für Spiele zu lassen. Dabei kann es unbelastet von äußeren Zwängen unentbehrliche Erfahrungen sammeln. Die Vielfalt der Eindrücke, die das Spiel vermittelt, bildet den Boden für das Erinnerungsvermögen. Allmählich zeigen sich Wiederholungen und Ähnlichkeiten; dabei reifen Einsicht und Urteilsvermögen.

Durch wiederholte Wahrnehmungen wird der Inhalt des Gedächtnisses gestaltet. Unser Bild von der Wirklichkeit wird fortlaufend ergänzt und erweitert. Der Schriftsteller Friedrich Georg Jünger beschrieb diesen Prozeß in seinem Buch *Gedächtnis und Erinnerung* (1957) folgendermaßen: »Beim zweiten Sehen, beim Wiedersehen, bringe ich das Bild mit. Von hier an wirkt und schafft das Bild bei jedem neuen Sehen mit, wirkt und schafft jedes neue Sehen am Bild mit.«

Das Zusammenwirken von außen und innen, von Bekanntem und Neuem, die stufenweise Erweiterung des Wissens erweist sich als besonders wichtig. Einmalige Kenntnisnahme ist immer unzureichend, die Wiederholung jedoch fördert das Bewußtsein. Deshalb wird an Waldorf-schulen sogenannter Epochenunterrrricht abgehalten, in dem über einige Wochen hinweg dasselbe Themengebiet immer wieder aufgegriffen und unter einem anderen Gesichtspunkt betrachtet wird. Das Gelernte haftet so viel besser im Gedächtnis, als wenn unter Zeitdruck und in einem zerstückelten Lernprozeß unterrichtet wird.

Wenn in der schulischen Erziehung noch immer vielfach falsche Methoden verwendet werden, liegt das nicht zuletzt daran, daß die meisten eine verkehrte Vorstellung von der menschlichen Erinnerung haben. Das Gedächtnis ist kein computerähnlicher Speicher von Informationen, der jedes Detail sozusagen in einer Extra-Kammer festhält. Unsere Lernleistung besteht darin, daß wir einzelne Eindrücke zu bildhaften Ganzheiten vereinigen. Neues haftet um so besser im Gedächtnis, je mehr und je lebendigere Bezüge sich zu bereits Bekanntem herstellen lassen.

Das Gehirn ist der Vermittler zwischen dem Aktuellen und dem Gedächtnis. Die dort auftretenden Vorstellungen sind das verknüpfende Element zwischen der Welt der Erscheinungen und jener der Erinnerungen, die eine gewisse Selbständigkeit hat. Eine Blume zum Beispiel kann entweder über das Wahrnehmen zu uns gelangen oder als Bild aus der Erinnerung aufsteigen, wobei letzteres mehr Anstrengungen von uns verlangt, also höhere Seelenkräfte beansprucht.

Die Erinnerung ist ein Teil der bildenden (also der ätherischen) Kräfte des Organismus. Etwas wiederzuerkennen bedeutet daher, daß ein sinnliches Geschehen etwas Fortwirkendes in uns berührt und davon Antworten erfährt. Dieses Fortwirkende ist mit dem sogenannten Langzeitgedächtnis identisch. Es hat eine leibliche Grundlage in unserem ganzen Wesen.

Wenn wir etwas wahrnehmen, bleibt es zunächst kurze Zeit in der Seele gegenwärtig und kann ohne besondere Anstrengung als Bild wieder aktiviert werden. Nach einiger Zeit sinkt das Aufgenommene in uns hinein und wird körperlich bewahrt: Es geht vom Kurzzeitgedächtnis in das

Langzeitgedächtnis über. Mit dem Kurzzeitgedächtnis bleiben wir also seelisch verbunden, während wir die langzeitige Erinnerung mit Hilfe von entsprechenden Vorstellungen aus dem Leib holen müssen. Je intensiver wir etwas aufnehmen oder erleben, um so vollständiger prägt es sich uns ein. Von daher läßt sich verstehen, welch große Bedeutung die Kindheit für das spätere Leben hat. Das Kleinkind erlebt alles, was sich in seiner Umwelt ereignet, mit besonderer Intensität. Wir sollten uns allerdings hüten, dies ausnützen zu wollen und das Kind mit Lernmaterial oder gar Wissen zu überschütten und dabei womöglich noch an das Einprägen zu appellieren. Aufgrund der organischen Grundlage des Langzeitgedächtnisses würde das einen Eingriff in die Leibesprozesse bedeuten. Man würde sie auszehren und Krankheiten verursachen.

Der Organismus des Gedächtnisses verselbständigt sich um die Zeit des Zahnwechsels, wenn die inneren Organe des Menschen fertig ausgestaltet sind. Danach läßt sich der Ätherleib von der Seele benutzen, so daß es möglich wird, das Erinnerungsvermögen bewußt einzusetzen und zu schulen. Sinnvollerweise kann nun das eigentliche schulische Unterrichten beginnen. Früher an den Lerneifer der Kinder zu appellieren, könnte die Gesundheit des Kindes beeinträchtigen. Auch im Schulalter darf man vom Kind nicht das sture Einpauken eines übertrieben großen Stoffpensums verlangen. Man richtet dadurch nur Schaden an, denn mechanisches Lernen schwächt die Ätherkräfte. Die Lernvorgänge werden immer oberflächlicher. Der Mensch nimmt lediglich Schalen auf, ohne tiefere Erlebnisse zu haben. Die Ausweitung des Intellekts geht dann zu Lasten der organischen Durchdringung.

Wir sollten es uns zum Grundsatz des eigenen Lebens und der Erziehung machen, automatisches Lernen zu vermeiden. Die Anstrengungen, welche das Erarbeiten bestimmter Zusammenhänge erfordert, sind sehr wichtig. Sie wirken fort und prägen unsere Lebenshaltung. Eine Rolle spielt auch die Art des Unterrichtens, worauf in Verbindung mit der Anschaulichkeit schon hingewiesen wurde. Der

Unterricht selbst kann das Behalten sehr erleichtern, aber auch erschweren. Die Betonung des Bildhaft-Künstlerischen ist besonders wichtig, weil dadurch die lebendige Seele in den Lernprozeß einbezogen wird. Ein maschinenhaft abrollender Lehrbuchdrill hingegen wälzt die Seele nieder. Spricht eine Thematik uns wirklich an, prägt sie sich unserem Gedächtnis wie von selbst ein.

Eine Gefährdung für die Bildhaftigkeit des Gedächtnisses bedeuten viele Fremdworte (wenn man etwa das Wort »Position« verwendet statt »äußere Lage, berufliche Stellung oder weltanschauliche Selbsteinschätzung«) sowie das allmählich überhandnehmende Abkürzungswesen (zum Beispiel PSZD statt Pädagogisch-Soziales Zentrum Dortmund). Dadurch wird nicht nur die Verständlichkeit vermindert, sondern auch das Vorstellungsvermögen immer unbeweglicher. Letztlich verhärtet so der Ätherleib nach und nach.

Im Gegensatz zu allen Tieren muß der Mensch nicht an das einmal Eingeprägte gefesselt bleiben. Ein Tier reagiert in denselben Situationen immer gleich. Sein Gedächtnis hilft ihm lediglich, eine Situation wiederzuerkennen, aber niemals, sein Verhalten zu ändern. Der Mensch dagegen kann mit seinem Gedächtnis bewußt umgehen und sich auf neue Situationen vorbereiten. Er ist dabei nicht von sinnlichen Reizen abhängig, denn er kann die Erinnerungen selbständig aktivieren und auswerten. Sein Handeln ist nicht nur eine Reaktion auf äußere Anlässe, sondern kann Ergebnis gedanklicher Abläufe sein. Wir dürfen uns das Gedächtnis also nicht wie einen Behälter vorstellen, der immer weiter aufgefüllt wird. Es ist dauernd in Bewegung und ändert sich ständig. Der Stellenwert einzelner Erinnerungen ergibt sich aus den vielfältigen Beziehungen, in die sie eingebunden sind und die im Laufe der Zeit immer komplexer werden. Auf diesem Wege können uns neue Einsichten in geistige Zusammenhänge zuwachsen. Wir bewegen uns hin zu einem Welt-Gedächtnis, indem wir unser Erinnern so erhellen oder spiritualisieren, daß sich die höheren Realitäten darin direkt aussprechen. Hier fängt ein geistiges Wahrnehmen an, das uns ermöglicht, sich den Geschehnissen übersinnlich zu nähern.

Wir können diesen Zustand höchster Erkenntnis finden, wenn wir zunächst frei gewählte äußere Abläufe, auch einen ganzen Tag, in der Erinnerung zurückverfolgen. Bei stetiger Übung gelingt es, mit immer ursprünglicheren geistigen Impulsen in Berührung zu kommen. Über das individuelle Gedächtnis dringen wir dann hinaus und tiefer in die Urgründe des Sinnlichen hinein. Die Vorstellung wandelt sich zum Organ einer bewußteren Vereinigung mit der Welt. Dieses erweiterte Gedächtnis ist in jedem Menschen veranlagt, denn er trägt die Spuren seiner eigenen Herkunft in sich, muß sie jedoch wieder beleben.

Die Sprache und vor allem die Schrift sind für uns wichtige Mittel, die sinnliche Gebundenheit an Raum und Zeit zu überwinden. Sie weisen zu fortdauernden Schöpfungsbereichen. Eine Brücke zum Welt-Gedächtnis kann insbesondere die Schrift sein. Sie ermöglicht, Gedanken und Ereignisse festzuhalten und für spätere Generationen zu bewahren. Was schriftlich fixiert ist, erlaubt uns, das Vergangene wahrzunehmen, obwohl sich die sichtbaren Bezüge schon völlig verflüchtigt haben. Das Lesen kann eine Auferstehung der Vergangenheit in die Zukunft hinein hervorbringen – nämlich dann, wenn wir die vorgefundenen Aufzeichnungen nicht bloß nachvollziehen, was uns durch den Gedankensinn jederzeit möglich ist, sondern fortdenken und zu neuen Erkenntnissen führen. Dabei müssen wir durchaus nicht immer wieder andere Bücher lesen, um Neues zu erfahren. Da wir uns im Lauf der Zeit selbst verändern, können wir in demselben Buch bei erneuter Lektüre einiges entdecken, was uns zuvor anscheinend entgangen war. Anders ausgedrückt: Die schriftliche Fixierung ermöglicht, uns nochmals an den betreffenden Vorgang heranzutasten und ihm tiefer zu begegnen. Manches Buch wird so, wenn wir es wieder in die Hand nehmen, zu einem Schlüssel der Selbsterkenntnis. Daß wir durch die dauernden Veränderungen unseres Innern die Welt zu jedem Zeitpunkt mit anderen Augen sehen, läßt sich dadurch zeigen.

Sprache und Schrift leisten auf anderer Ebene ähnliches wie das individuelle Gedächtnis. Sprachliche Überlieferungen und literarische Werke retten die geistigen Errungenschaften über den Augenblick hinaus und machen sie für andere verfügbar. Wir haben hier das wichtigste verbindende Element zwischen dem Gestern, dem Heute und dem Morgen. Indem das Ich sich dieser Mittel bedient, greift es Vergangenes auf, verknüpft dieses mit Gegenwärtigem und wirkt in die Zukunft hinein.

Das Soziale – eine Wahrnehmungsfrage

Viele der Probleme, die sich in unserem Zusammenleben ergeben, haben ihren Ursprung darin, daß der einzelne nur auf sich selbst blickt und anderen kaum Beachtung schenkt. Dadurch entzieht sich ihm weitgehend, was die oberen Sinne mitteilen. Er verkennt so jedoch die Funktion jener Sinne, die den Menschen besonders auszeichnen.

Sprachsinn, Gedankensinn und Ichsinn legen die Basis für den Umgang mit fremden Individuen. Die Strukturen des sozialen Lebens sind nicht starr und unveränderlich. Sie befinden sich immerwährend in Entwicklung und unterliegen dauernden Wandlungen. Ob wir den gegenwärtigen Zustand der Gesellschaft erkennen und an ihn anknüpfen können, ist sehr stark davon abhängig, wie gut unsere Sinne arbeiten beziehungsweise inwieweit wir die Ereignisse um uns kennen und selbst darauf eingehen. Das Soziale ist keine meßbare Formel oder Größe, sondern existiert zwischen den Individuen und durch sie. Es kann nicht jeder nur vor sich hinleben und sich nicht um die Mitmenschen kümmern. Wer sich so isoliert, verliert die Interessen der Gemeinschaft aus den Augen. Er kann allerdings aus der Distanz spüren, daß in der Gesellschaft vieles unbefriedigend ist, und unter einem Gefühl der Ohnmacht leiden.

Ist unser Wahrnehmen der Umwelt gestört, führt dies über kurz oder lang zu einem Handeln gegen sie und schlimmstenfalls zur Bedrohung der persönlichen Freiheit

186

anderer Menschen. In solchen Fällen kommt es unweiger-
lich zu Spannungen. Sie sind häufig ein Ausdruck dafür, wie
wenig sich die Beteiligten für die Gemeinschaft verantwortlich fühlen. Ihre Konflikte können jedoch nicht gelöst werden, wenn sich kein Mensch findet, der die Beteiligten an
einem Tisch versammelt und im gemeinsamen Gespräch
mit ihnen bessere Lösungen anstrebt.

Heutzutage versuchen viele, mit gedanklicher Dialektik
die eigenen Ansichten anderen aufzuzwingen. Wirklich
überzeugen können wir jedoch nur, wenn wir die seelische
Seite des Sozialen beachten, nämlich das Dialogische.
Zumeist sind die Bewertungen eines bestimmten Vorganges
höchst unterschiedlich. Unser Ziel sollte deshalb immer
sein, die fremden Begründungen kennenzulernen. Doch
auch wenn wir – auf Anhieb oder im Laufe eines Gesprächs
– zu sehr ähnlichen geistigen Bewertungen gelangen, dürfen
wir dabei nicht stehenbleiben. Dann muß das Gespräch erst
richtig beginnen. Unsere sozialen Einblicke sind immer
vorläufige. Haben wir hier Klärungen erreicht, ist unser
Blick frei für neue Möglichkeiten. Darüber gilt es sich weiterhin auszutauschen und abzusprechen, bis sich soviel
Willenskraft bildet, daß möglichst viele zu einem bewußteren, die anderen weniger hindernden Handeln hinstreben.

Die Sprache, wo sie dialogisch gehandhabt wird, ist das
wichtigste Mittel, um eine Veränderung beziehungsweise
neue Gestaltung sozialer Wirklichkeiten vorzubereiten. Unsere Worte sind Stätten der gemeinschaftlichen Begegnung
und können die revolutionärsten Veränderungen bewirken.
Dies ist der Grund dafür, daß Konflikte sich am besten
durch Gespräche klären lassen – was allerdings die Bereitschaft zum Zuhören und eine vielseitige Menschenkenntnis
voraussetzt. Diese »Macht« der Sprache bedeutet andererseits auch, daß wir uns stets überlegt äußern sollten, denn
durch eine einzige unpassende Bemerkung können wir zerstören, was zuvor mühsam aufgebaut wurde. Das Wort vermittelt also nicht nur zwischen Gedanke und Tat; es ist
vielfach selbst ein Handeln, das alles andere in gesündere
Richtungen bringen oder aber vereiteln kann.

Als ein Nachteil der Sprache wie überhaupt der oberen Sinne wird häufig empfunden, daß wir die entsprechenden Wahrnehmungen nicht festhalten können und deshalb ihr Abklingen oder Absterben besonders stark erleben. Oberflächlich betrachtet mag dies vielleicht ein Verlust sein. Auf geistiger Ebene ist das jedoch eine Befreiung. Wir sind bei der Wahrnehmung des anderen nicht an bisherige Beobachtungen gebunden. Es läßt sich ein immer tieferes Bild von ihm gewinnen. Die mehr oder weniger schnell sich vollziehende ständige Erneuerung des Menschen und der Welt erleben wir so ganz unmittelbar, oft noch bevor etwas zur äußeren Wirksamkeit tritt. Dadurch vermögen wir vieles in einem günstigen Sinne zu beeinflussen und manche Zusammenstöße zu verhüten.

Ein unschätzbarer Vorteil der Sprache ist ihr soziales Element. Durch den dialogischen Austausch mit anderen dehnt sich unser Schicksalskreis aus. Wir tauchen in fremde Seelensphären ein, und dies fördert das eigene geistige Voranschreiten besonders intensiv. Würden wir uns bloß auf das eigene Wesen konzentrieren, würden wir uns vermutlich immer mehr in unsoziale Gedanken verrennen. Es ist zwar aufwendig, sich für die Mitmenschen zu interessieren und sich mit ihnen auseinanderzusetzen, aber es lohnt sich ganz gewiß, die soziale Kruste zu durchbrechen, in die wir uns persönlich am liebsten einigeln.

Was den anderen beschäftigt, kann die schönste Befruchtung unseres Ich bedeuten. Außerdem entstehen durch eine konstruktive Auseinandersetzung mit den Mitmenschen und der Umwelt wichtige Impulse für unsere Kultur, ja kulturelle Werke überhaupt. Es hängt aus diesem Grunde vieles davon ab, wie die verschiedenen Individuen und Gruppen sich begegnen. Gemeinsame Initiativen können die gesamte Gesellschaft beleben.

An dieser Stelle soll einmal betont werden, daß es falsch ist, nur Kontakte zu Freunden oder Gleichgesinnten zu pflegen und schwierige Beziehungen abzubrechen. Das Leidvolle, auf das wir mit oder bei anderen stoßen, kann der Anfang eines besseren Verstehens sein. Nöte und Konflikte bedeuten oft einen Aufruf, und zwar vor allem dort, wo sich nur in gemeinsamer Arbeit Abhilfe schaffen läßt.

Theorien über das soziale Leben sind meist sehr abstrakt. Soziale Einsichten gewinnen wir am ehesten, indem wir uns selbst um die vorliegenden Probleme kümmern. Unsere Aufgaben erkennen wir sehr schnell, wenn wir der Umwelt mit offenen Augen begegnen. Nicht jeder ist allerdings sogleich empfänglich für die Anliegen von Mitmenschen. Im übrigen gehört dazu jedoch weniger angelesenes Wissen als Sensibilität und eigene Erfahrung, denn jeder Fall unterscheidet sich vom anderen. Weder seine Entstehung noch seine Lösung kann vorhergesehen und geplant werden.

Gerade was die oberen Sinne anbelangt, sollten wir immer darauf bedacht sein, unsere Aufmerksamkeit zu schulen und das Festhängen an überkommenen Gewohnheiten zu überwinden. Durch das Gehör, den Sprachsinn, den Gedankensinn und den Ichsinn erfährt unsere Seele von sich ankündigenden oder bald eintretenden Entwicklungen im sozialen Organismus. Hier offenbaren sich uns die Aussichten und Schwierigkeiten des Wirkens anderer Ichwesen. Die Zusammenhänge, die wir erkennen, sind eine Ergänzung der eigenen Körperlichkeit. Indem wir sowohl über die Fähigkeiten und Anliegen als auch über Versäumnisse oder Überforderungen der anderen belehrt werden, können wir schneller zu einer besseren Einschätzung unserer gemeinsamen Lage gelangen und die eigenen Kräfte viel sinnvoller einbringen.

Geistige Übung

Das im Vergleich zu heute viel natürlichere Leben des früheren Menschen war in sich selbst ausgewogen. Von der technischen Zivilisation läßt sich dies nicht behaupten. Deshalb müssen wir uns durch geistige Anstrengungen so unabhängig machen, daß unser Wesen sein Gleichgewicht nicht verliert und vor der äußeren Welt nicht kapitulieren muß.

Da die Technik viele Bereiche unseres Lebens dominiert, sind uns die aufbauenden Kräfte, wie sie in der Natur überwiegen, keine Selbstverständlichkeit mehr. Die künstlichen Eindrücke wirken außerdem schon von sich aus weit zwingender, so daß es nur durch bewußte Übung gelingt, uns aus drohenden Vereinseitigungen zu lösen. Eine immer wichtiger werdende geistige Aufgabe des Menschen besteht deshalb darin, sich regelmäßig gesünderen, gezielt ausgewählten Eindrücken zu widmen. Sonst haben es die Sinne schwer, sich zu regenerieren und uns lebendige Einsichten anzubieten. Dies spüren wir zum Beispiel, wenn uns die Hektik der modernen Zivilisation oft noch für Stunden oder Tage begleitet, auch wenn wir uns an einen sehr geschützten Ort zurückziehen. Dem läßt sich nur begegnen durch aktive Übungen zur inneren, meditativen Beruhigung der Seele. Sie ermöglichen, daß wir uns selbständig ausgesuchten Erscheinungen der Welt zuwenden und von attackierenden Einflüssen desto leichter abwenden können.

Die Stille in uns ist mit einem Keimzustand zu vergleichen. Dabei tritt das ganze Dasein verwandelt vor uns hin, weil ein helleres Bewußtsein unsere Seele und unsere Sinne durchwaltet. So können wir auch besser erkennen, was in der gewordenen Welt unserer eigenen geistigen Entfaltung am intensivsten entspricht. Wir erfahren die »Heilkraft« einer »Naturkommunion«, wie Albert Steffen einmal geschrieben hat.

Kennen wir den Keimzustand der Stille aus bewußt wiederholter eigener Erfahrung, so ermöglicht uns dies vor allem einen innigeren Verkehr mit der Pflanzenwelt. Wir können das Ersprießen und Verblühen der Natur selbst mitvollziehen und immer mehr in zuvor verborgene Bereiche hinein verfolgen. So erleben wir, daß das äußerliche Verschwinden nicht das Ende bedeutet. Die Pflanze empfängt im Winter eine unsichtbare Stärkung, um sich im folgenden Jahr erneut auszubreiten. Diese und ähnliche irdische Phänomene bemerken wir normalerweise kaum. Akte der Konzentration auf eine ganze Reihe sich abwechselnder Vorgänge sind die Voraussetzung, um sich tiefer mit dem vorliegenden Wandlungsgeschehen zu verbinden und nicht nur am Sinnlichen haften zu bleiben. Unsere innere Trägheit und die – für die Entfaltung unserer Seele äußerst hinderliche – Passivität gegenüber den Wahrnehmungen müssen wir gänzlich überwinden, wenn wir die Natur nicht nur oberflächlich kennenlernen wollen.

Mit der mehrfach erwähnten Reizüberflutung innerhalb der heutigen Welt hängt zusammen, daß wir das, was uns das Wahrnehmen in warnender Weise zuträgt, kaum beachten. Die Sinne werden geradezu mißbraucht, was zu der immer häufiger anzutreffenden Lebenseinstellung führt, daß alles wie eine Art von Schauspiel aussieht, das an uns vorbeizieht, ohne daß ein direktes Eingreifen denkbar wäre. Diese Empfindung wird durch dauernden Medienkonsum noch verstärkt. Man meint, die Welt sei lediglich zum Zuschauen da. Je unbewußter sich eine solche Haltung festsetzt, um so gefährlicher kann sie werden. Der Mensch gerät in Abhängigkeit von verzerrten Eindrücken und vermag sich den damit verbundenen Manipulierungen kaum zu entziehen. Dies erklärt, weshalb viele Menschen in der Verwendung technischer Geräte so unfrei sind. Steht dem Äußerlich-Mechanischen nicht ein geistiger Widerstand in der Seele gegenüber und können wir nicht mittels einer schöpferischen Ergänzung antworten, zieht das Äußerlich-Zwanghafte ungehindert in uns ein. Wir fühlen uns dann sozusagen als Teil einer Maschine.

Für die Menschheit insgesamt wie für die Entwicklung jedes einzelnen ist es entscheidend, daß wir den Materialismus gerade im Gebiet der Wahrnehmung überwinden – indem wir uns dem Sinnlichen nicht unterwerfen, sondern es mit dem Ich durchdringen lernen. Über konzentriertes Betrachten klärt sich unser Denken. Und von diesem aus kann wiederum das Beobachten geschärft werden. Dieser wechselnde Austausch gestattet eine angemessene Beteiligung des menschlichen Geistes an den Sinnesprozessen.

Das bloße Wahrnehmen des Sinnlichen macht so einem stets bewußteren Erfassen durch uns selbst Platz. Wir stehen der Welt immer weniger hilflos gegenüber. Durch den geübten Rhythmus von ausgesuchten Beobachtungen und gedanklicher Durchdringung steigen wir in die Welt hinein und entreißen ihr sämtliche Schleier. Überall offenbaren sich lebendige Bezüge, in denen wir uns mit dem Ich bewegen. Worte und Gedanken, die aus solcher Erfahrung entspringen und zum Beispiel in einem Buch oder Aufsatz niedergelegt sind, können für andere Menschen eine Art geistige Linse werden und ihnen erlauben, an den Erfahrungen Fremder freilassend teilzunehmen.

Erkenntnisse anderer Menschen müssen nicht lediglich totes, abzuspeicherndes Wissen für uns bleiben. Sie können eine Ausweitung eigener Erfahrungen gestatten und Geheimnisse enthüllen, die uns allein verschlossen blieben. Gerade auch ein Vortrag, den jemand aus geistigem Erleben hält, vermag die Sinnesschranken aufzuheben. Die seelischen Eigenschaften der Beteiligten vereinigen sich in diesem Fall zu einer höheren Wahrnehmungsqualität. Aus den gesammelten Impulsen des Hörens ergibt sich für die Anwesenden ein Lauschen in zuvor unbekannte Hintergründe der Welt. Der Sprechende ist dann gewissermaßen nur Interpret dessen, was gemeinsam aufgesucht wurde.

In diesem Zusammenhang soll auf ein leider nicht allzu bekanntes Phänomen aufmerksam gemacht werden: Im Gespräch, aber auch im Vortrag können Inhalte vermittelt werden, die sich nicht oder nur sehr schwer schriftlich fixieren lassen. Ganz allgemein machen die persönliche Begegnung und das Zusammensein mehrerer Menschen vieles möglich, woran der einzelne scheitern müßte. Es gibt dabei allerdings auch Gefahren, auf die hingewiesen werden muß: Zwingende oder betörende Kräfte zum Beispiel verstärken sich in der Gemeinschaft, wenn wir sie nicht rechtzeitig in uns selbst besiegen.

Gegenüber anderen Naturwesen zeichnen wir uns insbesondere durch bewußte geistige Fähigkeiten aus. Diese sind beim Menschen niemals fertig, schon gar nicht von Geburt an. Hier befinden wir uns durch das gesamte Leben in einer dauernden Entwicklung; diese Entwicklung können wir selbst durch Übungen des Wahrnehmens und des Denkens positiv beeinflussen. In den Sinnen und im Erkennen haben wir die Schlüssel zur besseren Seelenentfaltung. Wir müssen sie nur zu gebrauchen lernen. Dabei entfallen keineswegs die Mühen, doch ist der Lohn ein dauerhafter, den uns nichts zu rauben vermag.

Jene Weisheit, die sich den Sinnen mit der ganzen Welt darbietet, zieht stufenweise in unser Inneres ein, wenn es sich nach außen öffnet. Das geschieht wie in einem Pendelschlag. Die konzentrative und meditative Klärung der Seele erhellt unsere Stellung zur Umgebung. Also erfahren wir sie auch wahrhaftiger. Unser Wesen muß die Wahrnehmungen nicht abdunkeln. Wir können diese wie mit einer geistigen Sonne im Ich beleuchten. Dadurch bekommen die Sinne selbst eine sonnenhafte Belebung.

Um solch eine Ebene zu erreichen, bedarf es jedoch einer riesigen Ausdauer. Wir sollten nicht vorzeitig resignieren, sondern unsere Geduld üben. Hierzu verhilft beispielsweise ein Stück weißes Papier, auf dem wir uns bemühen, etwas von unseren Problemen niederzuschreiben, zu skizzieren oder zu malen. Dies kräftigt unseren Widerstand und mäßigt die Leidenschaften, ohne allerdings irgendwelche Teilnahmslosigkeit zu erzeugen. Störende Begierden brennen dann sozusagen aus, wodurch sich ein lichtvolleres Empfinden für die Welt anzuschließen vermag. Die seelische Wärme bleibt gewahrt – durch Zurückhaltung in der Offenheit.

Für das unmittelbare geistige Üben ist aufrechtes Stillsitzen empfehlenswert (außer bei leidenden oder körperlich behinderten Personen). Diese Haltung unterstützt unsere Wachheit und entlastet zugleich die Leibesglieder, so daß deren Kräfte unserer Seele zur Verfügung stehen. Wir können dann eher eine Zuwendung zu den tieferen Geschehnissen in Mensch, Natur und Kosmos erreichen. Nach regelmäßiger Wiederholung des In-sich-Ruhigwerdens und des konzentrierten Anschauens dringen neu gewonnene Fähigkeiten allmählich in den übrigen Tageslauf ein. Dieser wird immer mehr von einem gesunden Rhythmus und konsequentem Handeln geprägt sein.

Durch regelmäßige geistige Anstrengung gewinnen wir an Seelenkraft und Konzentrationswillen. Indem wir uns die Besinnung und die bewußte Beobachtung zur täglichen Aufgabe machen, erzeugen wir eine Steigerung unseres geistigen Wahrnehmungsvermögens. Sie ergibt sich aus der Vereinigung von innerer Ruhe und gezielter Betrachtung. Wir lassen uns nicht mehr so leicht ablenken. Die rege Tätigkeit unseres Ich bringt Stabilität in die Seele hinein. Diese verliert ihre Unsicherheit und jede unfreie Getriebenheit.

Die Übung des Geistes entfernt uns durchaus nicht von den Sinnen, sondern ermöglicht uns, diese besser zu gebrauchen. Jede Wendung nach außen wird von einem reicheren Bewußtsein begleitet. Indem wir die Wahrnehmungen weiter zu ihren Ursprüngen verfolgen, treffen wir auf wahrhaftigere Antworten. Wir denken uns diese nicht theoretisch aus, vielmehr lesen wir sie immer direkter im »Buch der Welt« ab.

Wenn wir also wahrhaftigere und intensivere Wahrnehmungen anstreben, muß dies Hand in Hand gehen mit einem Prozeß der Vergeistigung. So ereignet sich ein stufenweises spirituelles Erwachen. Das läßt sich mit folgenden meditativen Worten unterstreichen: »In meinen Sinnen lebt der Geist der Welt.«

Eine meditative Übung kann uns besondere Anregungen vermitteln. Wir werden im Schweigen wahrnehmungsbereit für neue Äußerungen des Geistes, ähnlich wie sich uns in der Sprache gegenwärtige Seelenverfassungen und in der Erinnerung frühere Taten zeigen.

Wo Erinnerung und Sprache ruhen, berühren wir eine kommende Welt. Wir treffen auf sie, wenn wir uns nicht wie sonst völlig dem Jetzigen und dem Vergangenen hingeben, sondern innerlich ganz konzentriert sind auf rein geistige Inhalte. Zunächst können wir in diesem Bereich unseres Wahrnehmens nichts erkennen. Nach und nach gewinnen wir jedoch immer konkretere Eindrücke; es wird deutlich, wohin die innere Anstrengung zielt.

Für die Einleitung der Meditation können Worte, Sprüche oder geistige Vorstellungen benutzt werden, welche die höchsten Erkenntnisfrüchte aus Geschichte und Gegenwart verkörpern. Etwas Wesentliches aus der alten Welt bildet so den Samen einer neuen.

Gegenüber den differenzierten Sinnen und ihrer Fülle an Einzelbotschaften kann der Meditation eine integrierende Bedeutung zugeschrieben werden. Sie wendet sich direkt an das Ich und verändert seine sämtlichen Beziehungen zur Welt. Wir überschreiten alles Gegenständliche und begegnen einem schöpferischen Leben, welches das äußere Werden speist. Jegliche Distanz zwischen Innen und Außen verringert sich. Die Umgebung erweist sich immer mehr als ein Teil dessen, was wir selber sind. Keinerlei Entschweben geschieht, sondern eine Vereinigung mit dem eigentlichen Wesen des Wahrnehmens: dem Geist.

Der Mensch kann sich Höchstes oder Erbärmlichstes anerziehen. Er bestimmt selbst die Richtung seines Strebens. Zugleich ist ihm das Schicksal der sinnlichen Welt anheimgegeben. Diese vermag er niederzustoßen oder emporzutragen. Vieles hängt davon ab, ob er sich vom eigenen Egoismus befreit. Die Meditation bedeutet auch hierbei eine Hilfe. Mit ihr können wir eine seelische Bescheidenheit in uns anlegen, die dem ganzen Dasein dient. Den Anstößen, die durch uns in die Welt strömen, verleiht sie eine Gestalt, durch die sie auch anderen förderlich werden.

Ganz generell werden durch die innere Arbeit der Meditation brachliegende Seelenfelder gesäubert und beackert, so daß sie uns für neue Aktivitäten zur Verfügung stehen. Eine täglich nur wenige Minuten dauernde Meditation kann für jeden von uns der Einstieg in eine bessere Zukunft sein. Vor allem gilt es zu bedenken: Wem das Kleine zu Beginn nicht genügt, der gerät schnell in größte Maßlosigkeiten hinein. Rechtzeitige Besinnung hingegen bewahrt uns vor manchem Schaden.

Auf neue Art aktuell ist das Wort von Johannes dem Täufer: »Ändert euren Sinn!« Wir dürfen uns nicht gleichgültig von einem Eindruck zum nächsten drängen lassen. Aus geistiger Initiative sollten wir unsere Wahrnehmungen leiten. Denn an ihnen können wir gesunden oder verderben

– je nachdem, welche Stellung wir ihnen gegenüber einnehmen.

Womit sich unsere Seele befaßt, das kann eine Weisung für die Welt werden. Alles um uns kann, wenn wir richtig darauf eingehen, unsere Entwicklung fördern. Es bietet sich an, ohne uns festzulegen. Was wir aufnehmen und zurückgeben, entscheidet sich durch unsere Ge-sinnung – hängt also letztlich davon ab, wie wir unsere geistigen Fähigkeiten ausbilden und anwenden.

8   Die Sinne und das Übersinnliche

Das Sinnliche ist in unserer Welt übermächtig und beansprucht unsere Aufmerksamkeit so sehr, daß sich die kritische Lage abzeichnet, wir könnten an das Gegenständliche gekettet bleiben und darüber die eigentliche Bedeutung des Wahrnehmens nicht mehr erkennen – nämlich seine Funktion als Wegweiser. Die Technik trägt ein übriges dazu bei, uns von den tieferen Schichten des Lebens abzutrennen. In der modernen Zivilisation bleibt kaum Platz für das, was für die Entwicklung unserer selbst und der Menschheit von entscheidender Bedeutung ist: die weiterführenden Seelenbewegungen, welche durch die äußeren Dinge und Vorgänge ausgelöst werden.

Wir sind dieser Verdinglichung unserer Existenz jedoch nicht wehrlos ausgeliefert, sondern können lernen, ein geistiges Leben in uns zu pflegen, das zugleich eine Absicherung und Befreiung unserer Sinnesleistungen garantiert. Welche enge Verbindung des Menschen mit der Welt durch ein schöpferisches Wahrnehmungsvermögen gelingen kann, hat der Autor Friedrich Glaeser in seinem Buch *Die Welt als Theater* (1949) angedeutet: »Unser Dasein soll nicht seine Substanz wandeln, aber es soll transparent werden: in ihm soll immer mehr eine Wesenheit sichtbar werden, es soll die Ebene der starren Wirklichkeit verlassen und zum Gleichnis werden. – Nicht neben unserem Leben und nicht über ihm soll das große andere, das Jenseitige erscheinen, sondern in ihm: es in seiner ganzen Gestalt umfassend und erleuchtend, dabei zugleich hebend, klärend, verwandelnd. Die gleichnishafte Wandlung, das Paradigmatischwerden und Wesentlichwerden ist unser Weg, nicht der Sprung in eine höhere Welt. Die Bewegung des Körpers führt von Ort zu Ort, die seelische Bewegung aber, die Glut des Herzens, von Gestalt zu Gestalt. Wer im Raume wandert, sieht Bild neben Bild, wer sich seelisch wandelt, sieht im Bilde des Lebens immer weiter und tiefere Hintergründe und Wesenszüge.«

In uns sind Kräfte und Fähigkeiten angelegt, durch die das Erscheinende keine undurchdringliche Wand bleiben muß. Es kann als abgestufte Folge geistiger Ordnungen erkannt werden. Mit zunehmender Entfaltung der inneren Aktivität bewältigen wir eine Schwelle nach der anderen. Was zunächst als unüberwindlich gilt, erweist sich bei genügender seelischer Wachheit als durchlässig. Über unser Denken können wir bewußt und zielstrebig immer mehr Schranken überwinden beziehungsweise abbauen.

Ein »Sinn« für das physisch nicht Sichtbare kann nur durch geistige Arbeit erworben werden. Das sich selbst bewegende Denken führt in diese höheren Dimensionen des Wahrnehmens hinein und ist deshalb *der* Schwellenprozeß. Ohne das Denken kämen wir den tieferen Weltzusammenhängen nur schlafend oder träumend nahe – und müßten uns in ihnen verlieren.

Ein dem heutigen Menschen angemessener Weg ins Übersinnliche kann nur über die Intensivierung des Tagesbewußtseins führen, nicht über dessen Schwächung. Durch das Denken können wir uns mit den am Sinnlichen entwickelten Erkenntnissen über deren Ausgangspunkt erheben und in davorliegende Weltbereiche gelangen.

So ist es möglich, sich vom Endlichen abzulösen und selbst jene Geistlebendigkeit zu erschauen, aus der alles – eben auch das sinnlich Wahrnehmbare – entsprang oder sich abgliederte. Unser Denken befähigt uns, die Welt vom Universellen her zu beurteilen und auf sie einzuwirken. Wir sind keiner Situation völlig ausgeliefert. Auch wo die äußeren Verhältnisse unserem Handeln wenig Spielraum lassen, können wir geistige Öffnungen schaffen, die uns weiterbringen, da sich eine Vielfalt höherer Bezüge anschließt. Falls etwas zu sehr in der Erstarrung steckt, vermögen wir innerlich sogar eine Neuschöpfung einzuleiten.

Jeder sinnliche Eindruck kann zum Anstoß werden für

fortlaufende Grenzüberschreitungen. Überall umbranden uns unsichtbare Sphären. Unsere Aufmerksamkeit und unsere Einschätzung bestimmen, was wir davon spüren. Geistige Prozesse können nicht von außen gesteuert werden und verlaufen individuell unterschiedlich. Dem entspricht die Erfahrung, daß die in dichterischen, ja allgemein künstlerischen Werken festgehaltenen höheren Erlebnisse anderer Menschen uns erst dann ihre Geheimnisse verraten, wenn wir sie nicht bloß als Spiegel äußerer Abläufe betrachten, sondern ganz frei auf uns wirken lassen. Nur so erschließen sich uns die verborgenen Botschaften. Dasselbe gilt übrigens auch für mündliche Erzählungen, insofern ihnen Tieferes zugrunde liegt. Wir vermögen das Vermittelte in seiner wahren Fülle erst aufzunehmen, falls in uns eine ähnliche Sensibilisierung zumindest im Keime angefangen hat.

Für den Einstieg ins Übersinnliche ist es unverzichtbar, die Seele zu beruhigen. Hier bietet uns das meditative Stillwerden die entscheidende Hilfe. Es verhütet viele Störungen und bereitet auf das vor, was sich über die selbständig angelegten geistigen Organe äußert. Wie sonst das Ich den Mitmenschen, der Natur und dem eigenen Leib gegenübertritt, so kann es sich nun höheren Mächten zuwenden.

Die Anthroposophie unterscheidet in der Hierarchie der Schöpfung neben dem Menschen drei Gruppen von Wesenheiten. Die dritte, uns am nächsten stehende Stufe umfaßt die Engel (Angeloi) – sie begegnen dem Individuum –, die Erzengel (Archangeloi) – welche auf die Völker und ihre Sprachen bezogen sind – sowie die Zeitgeister (Archai). Letztere können sich übersinnlich der gesamten Menschheit zuwenden.

Die natürliche Schöpfung mit ihren fertigen Gestaltungen, ständigen Veränderungen und sinnvollen Beziehungen weist uns hin auf eine zweite, mittlere Stufe – die Geister der Form, der Bewegung und der Weisheit. (Exusiai, Dynameis und Kyriotetes sind ihre Namen, die aus der christlichen Esoterik stammen.)

Die Beschaffenheit unseres Leibes schließlich, der durch

seine Vollkommenheit, seine Ausgeglichenheit und seine Hingabefähigkeit alles andere übertrifft, lassen uns das Walten der Wesen der ersten Stufe erahnen – der Geister des Willens, der Harmonie und der Liebe (Throne, Cherubim und Seraphim).

Indem wir unsere geistigen Kräfte aktivieren, die Wahrnehmungen beleben und uns bewußter in die Welt stellen, können sich uns Zugänge eröffnen zu dieser reichen Wesenswelt. Wir dürfen dabei nicht großartige sinnliche Farben, Klänge oder Ereignisse erwarten; dies wäre eine bloße Zuspitzung des Irdischen und deshalb unerträglich. Alles Äußere soll sich vielmehr mäßigen, damit wir für das empfänglicher sind, was sich als Umfassenderes offenbart.

Das Wahrnehmen soll nicht den Wunsch wecken, Eindrücke festzuhalten. Der erste Eindruck muß relativiert, unser Anfangsverständnis eventuell korrigiert und auf jeden Fall ergänzt werden. Unendliche Perspektiven tun sich allmählich vor dem Geistesblick auf. Dies wäre als Wirklichkeit zu beschreiben. Sie verkörpert nichts Abgeschlossenes, sondern ein in jedem Moment neues Beginnen.

Alles Sichtbare ist die Mitteilung von einer Realität, aber nicht diese selbst. Um sie zu erkennen, bedarf es geistiger Anstrengungen. Das Irdische verliert dann seine scheinbare Undurchdringbarkeit. Inwiefern es sich uns allerdings im universellen Sinne öffnet, unterliegt keiner Vorherbestimmung. Wir selbst sind in reinster Freiheit gefordert. Dies bedeutet wiederum: Wir haben die Wirklichkeit nur, wenn wir sie leben.

Im Durchsichtigwerden des Sinnlichen vollzieht sich dessen Vergeistigung. Wir wandeln auf Pfaden, über die zuvor das Geschaffene sich herausformte und erstarrte. Nun kann es mit uns wieder Leben gewinnen, nachdem wir daran zu uns selbst gefunden haben.

Sämtliche Erdendinge repräsentieren das grandiose Freiheitswerk der geistigen Welt. Sie umgibt uns überall – allerdings lediglich als eine zurückhaltende Anfrage. Ob wir diese aufgreifen und weiter verfolgen, bleibt uns über-antwortet. Zwei Gefahren bauen sich in diesem Zusammenhang vor uns auf. Die eine ist, daß wir durch die Auseinandersetzung mit der sinnlichen Umgebung seelisch nicht stark genug werden und in die Geistigkeit eher ausfließen, anstatt über fruchtbringende Begegnungen mit ihr unser Wesen selbständig zu bewahren. Das ließe sich mit einem Begriff aus der Anthroposophie als luziferische Abirrung bezeichnen.

Die andere Gefahr liegt darin begründet, daß versucht wird, das Höhere ins Sinnliche herabzuzwingen. Dadurch müßte im Irdischen alles Freilassende aufhören. Wir hätten einen gewalthaften Geist um uns, der sich – wiederum anthroposophisch formuliert – als ein ahrimanischer verrät. Unter seiner Gewalt wenden wir uns gegen das Aufstrebende und wollen es erniedrigen.

Luzifer ist der unser Ich schwächende Geist – ein Übermenschliches, das uns verbrennt, wenn wir ihm in schnellem Verlangen erliegen. Ahriman dagegen will von der Erde aus das ganze Weltall beherrschen. Von ihr aus – und mit unserer jetzigen Unvollendetheit – soll alles technisch dirigiert werden.

Eine jeweils individuell zu erringende Stellung dazwischen ist unser kosmisches Risiko – aber ebenso unsere Chance. Wir dürfen nicht gleich beim ersten geistigen Lichtblick glauben, auf alles Sinnliche verzichten zu können. An letzterem wäre vielmehr zu überprüfen, auf welche Wesensgebiete wir uns eingelassen haben. Um zu klären, welcher Art unsere inneren Bestrebungen sind, kann uns ein Gespräch mit anderen Menschen helfen. Falls wir auf ihre Einwände ungehalten reagieren, läßt das auf eine uns selbst attackierende innere Qualität schließen. Wenn wir sie überhaupt nicht mehr verstehen, ist das ein Zeichen, daß etwas Weltflüchtiges sich in uns festgesetzt hat.

Das Nicht-Beachten der Sinne verschuldet immer Verirrungen im Geistigen. Sicher ist es falsch, an den Wahrnehmungen zu kleben. Wir dürfen sie aber auch nicht ignorieren. Eine Bewußtseinssicherheit im Irdischen ist die Bedingung für ein vernünftiges Sich-Hineinbewegen in höhere Sphären.

Unter solchen Voraussetzungen bedeutet das Vergeistigen des Sinnlichen keinen Verlust. Es geschieht dessen fortdauernde Neugeburt. Was wir auf der Erde erwerben, wird nicht abgeschoben. Wir gehen den Vorleistungen göttlicher Wesen nach und würdigen dadurch ihre Taten. Jene Welt, der sie angehören, hat uns auf die Erde entlassen und uns deren Weiterentwicklung sowie unsere eigene Vervollkommnung überantwortet.

Die Götter – wie die Wesen der höheren Stufen der Schöpfungshierarchie früher genannt wurden – zeigen sich uns nicht direkt, aber sie sind für uns erfahrbar über ein lebendigeres Wahrnehmen. Auf welche Art ein neues Begegnen – eine geistige Kommunion – des auf sich gestellten Menschen mit den Göttern eintritt, wird durch das entschieden, was in seinem irdischen Leben heranreift und dieses überdauert. Noch wäre es bei weitem zu früh, daß wir sagen könnten, wir hätten die Anstöße, welche von der Erde stammen, voll ausgeschöpft. Dies kann die Erkenntnis von der Reinkarnation bestärken.

Das Ich als universeller Mittler

Erkenntnisse über Welt und Mensch lassen sich nur gewinnen, weil wir das, was außerhalb unserer Person existiert, wahrnehmen können. Ebenso sicher läßt sich auch sagen, daß alles um uns ungewiß sein müßte, wenn wir nicht durch das Ich ein Bewußtsein von uns selbst hätten. In unserem Ich drückt sich aus, was wir von der Geistigkeit der Welt in uns tragen – jeder individuell für sich. Auf das Ich beziehen wir alle uns umgebenden Abläufe. Ohne diesen Kern unseres Wesens wären wir nicht fähig, zu irgendeinem Urteil zu gelangen und nach tieferen Hintergründen zu fragen, am wenigsten sogar in all dem, was unsere Mitmenschen betrifft.

Die Begegnung mit fremden Ichen, bei der das Wahrnehmen eine herausragende Rolle spielt, klärt uns darüber auf, wer wir selber sind. Im Mitmenschen lernen wir kennen, was uns am ehesten entspricht. Er weist auf uns zurück. Gäbe es ihn nicht oder würden wir ihn nicht wahrnehmen, könnten wir unser eigenes Wesen nicht begreifen. Kein anderes Sinneserlebnis ist mit der direkten menschlichen Begegnung vergleichbar.

Den Kern unseres Wesens, das Ich, kennen wir in den wenigsten Fällen – obwohl es jedem am nächsten steht. Die Ausbildung eines Ich-Bewußtseins, die durch die Begegnung mit anderen gefördert wird, ist ein langer Prozeß und unsere eigentliche Bestimmung. Wenn wir diese Aufgabe erkannt haben und uns ihr stellen, kann die mit uns verbundene Geistigkeit immer besser zur Geltung kommen. Wir müssen nicht an den Leib gekettet und von ihm abhängig bleiben.

Das Materielle an uns ist schwach und vergänglich. Unsere damit »angefüllte« Körperlichkeit stellt den vorläufigen Abschluß eines kosmisch-irdischen Gestaltungsprozesses dar. Wollen wir die Vergänglichkeit des Körpers überwinden, müssen wir schöpferische Kräfte aktivieren und diese zur Gestaltung unserer Zukunft auf der Basis des Gewordenen einsetzen. Dadurch kann sich allmählich jener unverwesliche Leib bilden, den Paulus aufgrund der übersinnlichen Erfahrung eines erstmalig erfolgten Auferstehungsgeschehens beschrieben hat. In Christus erkannte er jenes Wesen, das seine physische Gestalt bis ins letzte – in den Tod – ausgeschöpft hat, um ihr eine höhere Beständigkeit zu verleihen, die erhalten bleibt, wenn die irdische Erscheinung dahinschwindet.

Die Nachfolge des Christus bedeutet somit nichts anderes als die vollgültige Rettung des Sinnlich-Wesentlichen. Dieses aufersteht mittels unserer lebendigen Geistigkeit. Freilich müssen wir eine Vielzahl von Prüfungen durchmachen, um einer solchen Bestimmung gewachsen zu sein. Außerdem wird es keinem Menschen allein gelingen, dasjenige zu vollziehen, was sich als großes Vorbild zur Zeitwende verwirklichte.

Das Werk, das Christus begonnen hat, sollen wir Menschen zusammen aufgreifen. Diejenigen, die ihm nachfolgen, sind in ihrem Innersten miteinander verbunden. Dies wiederum bewirkt eine Stärkung des Ich, durch die wir echte Veränderungen in unserem Denken, Fühlen und Wollen erzielen können. Auf diese Weise vermögen wir über das Seelische schließlich auch das Lebendige und das Stoffliche zu beeinflussen. Das wird letztlich die ganze Welt bereichern, gesunden und erretten – religiös gesprochen: erlösen.

Nach anthroposophischer Anschauung leitet die lichtvolle Stärkung der Seele (des Astralleibes) durch das Ich zunächst hin zum Geistselbst, das sein Bewußtsein nicht mehr von außen her untergraben läßt. Das kann sehr lange dauern, bis dann eine immer rhythmischere Gliederung unseres Daseins dem Ätherleib zu einer Steigerung verhilft, die Rudolf Steiner als Lebensgeist beschrieb. Schließlich kann unsere geistige Kraft auch noch den physischen Leib durchdringen; wir entwickeln uns zum Geistesmenschen, der bis in die Materie hinein die Welt voranbringt. So erreichen wir eine innige Verbindung mit dem Wesen der ganzen Erde – wie durch die astralische Auflichtung uns das Tierreich wieder näher rückt und ebenso alles Pflanzliche durch die ätherische Geistbelebung.

Über die durch das Ich in uns bewirkte Umgestaltung des Astralischen, Ätherischen und Physischen beteiligen wir uns an einer Ausweitung der Christus-Kräfte in der Welt. Die Sprache dient dazu, daß dieser Prozeß im Einklang mit den Mitmenschen ablaufen kann und nicht etwa größere Gegensätze zwischen uns geschaffen werden. Sie erlaubt es uns, dasjenige anzusprechen, was uns im anderen gleicht: sein Ich als Zentrum einer neu mit uns entstehenden Schöpfung.

Um eine falsche Vorstellung zu verhindern, sei betont: Diese gemeinsame Teilnahme an einer neuen Schöpfung bedeutet nicht, alle besäßen dasselbe Ich. Aber wir gleichen uns darin, daß wir ein Ich haben. Jeder Mensch ist nur einmal da als einzigartige Individualität. Daß dennoch ein so inniger Zusammenhang von Menschen existieren kann, bestätigt gerade das Wirken eines anderen Wesens, das wir

Christus nennen. Er verkörpert die Einheit zwischen uns und repräsentiert in sich die ganze Menschheit und Erde. Ähnlich wie unser Ich sich zwischen sämtlichen zwölf Sinnen bewegt – als ihr höherer Sinn –, so gibt es eine Mitte von allen Menschen und Naturwesen: den Christus. Sie läßt sich von jedem erfahren, weil sie geistig unter uns lebt.

Sinnliche Erfahrungen haben immer etwas Zusammengesetztes an sich. Zu uns gelangen aus allen Richtungen die unterschiedlichsten Impulse heran. Unser Ich gewährleistet, daß wir nicht überwältigt werden und mit ihnen zerfließen. Umfassende Kontinuität und letztliche Sinngebung empfangen unsere Erfahrungen jedoch erst durch eine die Menschen verbindende geistige Ganzheit.

Für die Menschheit kündete sich mit dem historischen Christus-Ereignis eine Ich-Wende an. Realität wird sie für den einzelnen dort, wo er selbst mit seiner individuellen Geistigkeit zum Miteinander hinstrebt. Die Wahrnehmungen verlaufen dann nicht nur einseitig, sondern geben auch Antworten. Das Ich vermag seiner Funktion als Angelpunkt zwischen sinnlicher und geistiger Welt immer besser nachzukommen. Wo wir liebevolles Interesse zeigen, wird uns vieles zugänglich, das uns sonst verschlossen bliebe. Unsere innere Haltung bestimmt auch, wie unsere Äußerungen von anderen aufgenommen werden und was von uns in die Welt ausstrahlt.

Jedes Ich wird unersetzlich, wenn es verantwortlich an der gemeinsamen Zukunft der Menschheit mitarbeitet. Dies verlangt ein ununterbrochenes Sich-Abstimmen mit anderen. Eventuell Trennendes oder Konfliktträchtiges können wir durch geistiges Streben und dialogisches Bemühen bereinigen.

Die Sinne müssen keine Einbahnstraßen sein, die uns mit Eindrücken überschütten. Sich selbst inmitten der Vielzahl divergierender Reize zu behaupten, heißt nicht bloß, die Wahrnehmungen bewußt zu kontrollieren, sondern auch zu beachten, was durch unser Wesen nach außen tritt.

Unter dem Einfluß des Ich geschieht dadurch eine Metamorphose der Sinne. Von Wegen des Empfangens werden sie zu solchen des überschaubaren Gebens. Das hat Auswirkungen auf andere Menschen und die gesamte Welt, aber auch auf den eigenen Leib: Die neu erworbene Dynamik des Wahrnehmens belebt nicht bloß unser Verhältnis nach außen, sondern fördert gleichzeitig unsere körperliche Entfaltung. Solch positive Entwicklungen sind das Resultat einer Wärme des Geistigen sowie einer Durchatmung der Seele. Weiterhin wird dadurch unser Sprechen mit mehr Ichkraft begabt – denn dem Wort eröffnen sich tiefere Quellen.

Offene Wahrnehmungsorgane und das durchseelte Wort sind Voraussetzung und Zeichen geistorientierten Handelns. Wenn das Ich unser Wahrnehmen, Sprechen und Tun direkt leitet, sind wir den inneren und äußeren Schwierigkeiten auf der Erde viel eher gewachsen. Das physische Altern zum Beispiel hat dann nichts Erschreckendes an sich. Es ist ein Kommen des Geistigen – falls wir uns darauf ausrichten. Alles, womit wir verkehren, kann der Menschwerdung dienen, aber nur, wenn wir dieses Ziel nicht aus dem Auge verlieren. Das Ich fördern zu wollen, sollte also die höchste Maxime im Umgang der Menschen miteinander sein. Durch Gegenseitigkeit bewahren wir uns so vor vielen Angriffen, welche das einzelne Wesen vernichten könnten.

Der Mensch erhält die wertvollsten Anregungen durch das Ich der anderen. Keine Maschine kann ähnliches bewirken. Die zwischenmenschlichen Beziehungen sind deshalb durch nichts zu ersetzen. Im Gegenteil: sie bedürfen besonderer Pflege, damit unsere Seele nicht verkümmert.

Jede Wahrnehmung ist anfänglich beschränkt. Was jedoch das Ich berührt, kann unendlich weiterwirken. Es muß nicht aufhören, vielmehr kann es uns in die zukünftige Welt hineintragen. Wo etwas ins Bewußtsein des Geistes überwechselt, verschwindet jede absolute Grenze. In diesem Licht vermag sich alles zu ändern. Das ganze Leben bekommt dadurch einen höheren Sinn, daß wir die Entwicklung der Menschheit fördern.

In mehrfacher Hinsicht darf unser Ich als das eigentliche

Sinn-Wesen gelten. Wie ein geistiger Kern durchwandert es den Kosmos der Sinne und hebt die Wahrnehmungen in unser Bewußtsein. Die Sinnestätigkeit ist keineswegs als bloßer Nachklang vorheriger Ereignisse zu verstehen. Unser Wahrnehmungsvermögen stellt eine Aufforderung dar zu unserer Bewährung in der Welt und zum Be-wahren dessen, was die Weiterentwicklung ermöglicht.

Bewähren soll sich das Ich: Es hat geistige Sicherheit zu erkämpfen. Diese bildet sich in den zahlreichen Lebensstürmen aus. Bei kritischen Situationen treten immer Schwachstellen zutage, durch die wir merken, wo Versäumnisse vorhanden sind, die ausgeglichen werden müssen. Solche Hinweise dürfen wir nicht ignorieren, weil sich sonst starke Hemmnisse ansammeln, die uns zerstören können.

Durch die Arbeit an uns selbst bereiten wir uns auf ein Bewahren der Welt vor. Ihr Schicksal konzentriert sich zunächst in dem unseres eigenen Ichs. Dessen zunehmende Fähigkeit im Erkennen und Wollen wiederum bestimmt, wie die Welt sich fortentwickelt.

Verwandelnde Dreiheiten

Durch die bisherigen Betrachtungen zeigte sich deutlich, daß der Mensch ein recht kompliziertes Wesen ist, dem sich die verschiedensten Qualitäten aus allen Bereichen der Welt eingegliedert haben, die er im Ich zu einem Gesamterlebnis vereinigt. Zur Unterscheidung dieser Qualitäten kann es jedoch hilfreich sein, daß wir überall mit Dreiheiten in Verbindung stehen. Bei uns selbst läßt sich dies bis ins Leibliche hinein verfolgen: mit dem Nerven-Sinnessystem, dem rhythmischen System und dem Stoffwechsel-Gliedmaßensystem. Drei Naturreiche sind es auch, die uns umgeben: Mineral, Pflanze und Tier. Das Soziale erscheint ebenfalls dreifach aufgegliedert: in Wirtschaft, Rechtsleben und Kultur. Schließlich gibt es die erste, zweite und dritte Hierarchie geistiger Wesen, die sich jeweils, wie beschrieben, nochmals dreifach unterteilen lassen.

Grundsätzlich lassen sich Entwicklungsvorgänge, große wie kleine, nur als Dreiheit begreifen. Zuerst tritt in zwei Pole auseinander, was zunächst eine Einheit war, zum Beispiel Geist und Materie. Diese beiden wirken aufeinander ein, und dadurch bildet sich etwas Drittes heraus. So entstand das zwischen uns und der Welt vermittelnde Seelenleben.

Wo sich ein viertes Element kundgibt, bedeutet dies stets eine Wende in der Entwicklung. Das läßt sich besonders gut am Verhältnis des Menschen zu den drei genannten Naturreichen sehen. Das Schicksal von Mineral, Pflanze und Tier liegt nun ganz in unserer Hand.

Das Vierte ist die Wendemarke für die Dreiheit. Wir finden dies bestätigt, wenn wir die Beziehung des Ich zu den unteren, mittleren und oberen Sinnen betrachten. Diese gehören zu unserem Wesen. Was wir aber mit ihnen beginnen, bleibt uns völlig freigestellt. Das Ich begegnet als Viertes diesen drei Sinnesgruppen, kann sie erkennen und verwandelnd damit umgehen. Aus dem Vorgefundenen und wieder Vergehenden formen sich dadurch neue Qualitäten heraus.

Solch eine Verwandlung läßt sich ebenfalls beobachten, wenn wir auf die im vorangegangenen Abschnitt skizzierte Arbeit des Ich an den drei Leibesgliedern zurückblicken: am astralischen, ätherischen und physischen Leib. Durch die Einwirkung des Ich bildet sich die neue Dreiheit von Geistselbst (aus dem Astralischen), Lebensgeist (aus dem Ätherischen) und Geistesmensch (aus dem Physischen). Das Ich lebt hier zwischen drei übernommenen Formen und einer neuen Dreiheit, an der es selbst mitschafft.

Ein ähnlicher Prozeß der Verwandlung einer Dreiheit spielt sich auch im Sozialen ab, jedoch viel umfassender. Nehmen wir zuerst die Kultur: Über deren Entfaltung vermag sich der Mensch immer mehr zu verselbständigen und seine Freiheit im Miteinander zu bestärken – durch das, was im Hinblick auf das geschilderte Wirken des Christus sich zwischen den Individuen abspielen kann als gegenseitige Förderung.

Das zweite soziale Gebiet, jenes des Rechtslebens, hat nicht bloß die Entfaltung des einzelnen zu beachten, sondern den Einklang aller Individuen und Gruppen – bis hin zu ganzen Staaten und politischen Blöcken. Oberstes Ziel ist hier die Gleichberechtigung aller Menschen: Jeder hat das gleiche Recht, zu existieren. Um dieses zu sichern, bedarf es eines noch stärkeren Willens zu gegenseitiger Rücksichtnahme.

Dieser Wille muß sich dann weiter intensivieren bei Fragen des dritten Sozialgebietes: der Wirtschaft. Da handelt es sich um eine sich ständig verbessernde Versorgung auch der benachteiligten Gebiete mit lebensnotwendigen Gütern über die ganze Erde hinweg. Die auf diesem Feld zu erwerbende Eigenschaft verlangt nicht bloß ein Sich-Tolerieren, sondern eine ständige Hilfe. Sie läßt sich als Brüderlichkeit unter allen existierenden Menschen beschreiben.

Wir gehören nicht lediglich einer Naturschöpfung an und leben in einer sich verwandelnden Leiblichkeit, sondern auch in einer Sozialschöpfung. Ein weltweiter sozialer Organismus ist in einer Neugestaltung begriffen, an der wir uns als Ichwesen beteiligen und so dazu beitragen können, daß sich, ausgehend von den drei Gebieten der Kultur, des Rechtslebens und der Wirtschaft menschheitliche Qualitäten der freien Entfaltung, der gleichen Rechte und der brüderlichen Hilfe allgemein ausbreiten.

Als wesentliches Element zum Erreichen dieser Menschheitsqualitäten der Freiheit, Gleichheit und Brüderlichkeit läßt sich mit zunehmender Klarheit der Christus-Impuls erkennen. Im Bereich des Sozialen kommt ihm die gleiche Bedeutung zu wie im individuellen Bereich dem Ich. Durch ihn werden der kulturelle Bereich, die rechtlichen Belange der Menschen und alle wirtschaftlichen Tätigkeiten auf eine höhere Stufe geführt. Vom Boden der alten erhebt sich auch hierbei eine neue Dreiheit.

Das Walten einer Dreiheit bei den Sinnen können wir unter den erweiterten Voraussetzungen dieses Abschnittes vertiefen. Wir haben hier nicht bloß eine Polarität in der Richtung nach innen und nach außen: durch die unteren, auf den eigenen Leib bezogenen Sinne und die oberen, auf fremde Äußerungen bezogenen Sinne. Ein Dazwischenliegendes, die Wahrnehmung der Umwelt, wird von den mittleren Sinnen ausgefüllt. Jeweils vier Sinnesfunktionen tauchen dann sogleich auf bei der Unterteilung dieser Wahrnehmungsräume, dem körperlichen, natürlichen und sozialen Raum, so daß wir insgesamt auf eine Zwölfheit stoßen:

Leibeswahrnehmung	Umwelt	Fremde Äußerungen
Tastsinn	Geruchssinn	Gehör
Lebenssinn	Geschmackssinn	Sprachsinn
Bewegungssinn	Sehsinn	Gedankensinn
Gleichgewichtssinn	Wärmesinn	Ichsinn

Daß in den einzelnen Wahrnehmungsbereichen jeweils drei Elemente wieder einer Erhöhung gegenüberstehen, läßt sich aus unserer bisherigen Untersuchung der Sinnesgruppen folgern. Betrachten wir Tastsinn, Lebenssinn und Bewegungssinn in ihren Wahrnehmungen der Abgrenzung, des inneren Zustandes und der Veränderungen unseres Leibes, so läßt sich der Gleichgewichtssinn wie eine Steigerung begreifen, die nur dem Menschen mit seiner vollen Aufgerichtetheit möglich wird. Im Gleichgewicht verbinden sich die drei Einzelerfahrungen der anderen unteren Sinne zu einer gesamthaften, wo Ertastetes, Belebtes und Sich-Bewegendes eine Art ichhafte Synthese bewirken. Ähnlich vermittelt der sensibilisierte Wärmesinn, was sich aus der Verbindung von Geruch, Geschmack und Sehen ergibt. Dabei kann sich uns ein ganzheitlicher Eindruck vom eigenen Verhältnis zur Umgebung erschließen, nämlich der Einklang unseres Ich zwischen innen und außen. Und ebenso haben wir im Ichsinn ein Zusammenwirken dessen vor uns, was im Hörsinn, Sprachsinn und Gedankensinn anklingt. Da treffen wir die reine Gestalt des Menschen, nicht bloß Äußerungen von ihm.

Zusammenfassende Eigenschaften lassen sich auch aus den einander gleichenden Ebenen der drei Sinnesgruppen ablesen. So entsprechen sich Tasten, Riechen und Hören dadurch, daß sich jeweils etwas vom Physischen abgrenzt oder ablöst. Aus diesen drei Sinnesprozessen entwickelt sich eine Qualität des Sich-Losringens von aller Festigkeit. Die mit dem Ätherischen zusammenhängende Ebene von Lebenssinn, Geschmackssinn und Sprachsinn eröffnet uns eher fließende Eigenschaften. Dadurch können wir unsere innere Lebendigkeit weiterpflegen, die uns hilft, auf wechselnde Situationen angemessen zu reagieren. Bewegungssinn, Sehsinn und Gedankensinn tragen gemeinsam dazu bei, daß unsere Seele das Vermögen gewinnt, sich in noch Unbekanntes hineinzuversetzen und es für sich zu entdecken. Eine Offenheit für neue Erfahrungen wird eingeübt. Mit dem Gleichgewichtssinn, dem Wärmesinn und dem Ichsinn erfahren wir das Wirken des Geistig-Schöpferischen, das sich in aller Erneuerung kundgibt. Wir lernen uns anzufreunden mit den weiterführenden Qualitäten in uns selbst, in der umliegenden Welt und auch im Mitmenschen. Wir erlangen Vertrauen in die Gestaltbarkeit der Zukunft.

Die Dreiheit der oberen, mittleren und unteren Sinne läßt sich auch mit einer umfassenderen Dreiheit zusammenbringen, in der sich die Orientierung des Menschen zwischen geistiger und irdischer Welt ausdrückt: den Schaffensgebieten von Esoterik, Kunst und Technik. Die Esoterik ist eine Ausweitung des Wahrnehmens über den Bereich der oberen Sinne hinaus, welcher sich bisher vor allem die östliche Menschheit zuwandte. Dem wirft sich die Technik entgegen, die gewisse Funktionen der unteren Sinne nach außen schiebt und so unsere Leiblichkeit von vielem entlastet hat, aber auch zunehmend bedrängt, wie sich in industrialisierten Ländern deutlich zeigt. Das wahre Ziel sollte für uns Menschen jedoch sein: die Mitte zu halten zwischen dem Geistigen und dem Irdischen. Hier liegt auch eine Aufgabe der Kunst. Sie kann einen menschengemäßen Ausgleich von Esoterik und Technik ermöglichen, ähnlich wie die mittleren Sinne eine Brücke von Äußerem und Innerem für unser Wahrnehmen erzeugen.

Die Gefahr der im Westen bisher dominierenden Denkweise ist es, uns zu heftig ins Materielle herabzuziehen und daran zu fesseln. Weil die Technik sich bei weitem noch nicht genug gemäßigt hat und noch zahllose Beeinträchtigungen unseres Wesens zu erwarten sind, müssen wir um ein ganz unabhängiges künstlerisches und esoterisches Tun bemüht sein. Sonst verkümmern Seele und Geist trotz der leiblichen Entlastung durch maschinelle Mittel. Letztere könnten einem einzigartigen kulturellen Aufschwung dienen, jedoch nur, wenn wir die bei uns freigewordenen Kräfte sinnvoll nutzen.

Einerseits vermögen wir infolge der technischen Erleichterungen unsere Individualität besser zu entfalten. Das sollte im Interesse einer heutigen Esoterik liegen. Und andererseits ließe solch eine geistige Befreiung neue künstlerische Ausdrucksformen zu, mit denen sich auch die Mitmenschen auf selbständige Weise befassen könnten. Lebendige Anstrengungen in diesem doppelten Sinne müssen das erforderliche persönliche und soziale Gegengewicht zu der vorangestürzten Maschinenzivilisation schaffen. Sie wird uns in einen Abgrund reißen, wenn wir weiterhin lediglich an ihren Ausbau denken.

Der Mensch hat die Wahl zwischen einer begrenzten Erdenstofflichkeit und einer unerschöpflichen Geistigkeit. Das technische Zeitalter kann uns zum Unheil oder zum Segen gereichen, je nachdem, ob wir uns an bloß materielle Bedingungen verlieren oder ob wir von ihnen aus Zugang in Regionen suchen, die sich keinerlei irdischer Macht mehr unterwerfen müssen.

Die Esoterik eines Aufstiegs vom Sinnlichen ins Geistige ist es, wessen der heutige Mensch bedarf. Sie braucht das Irdische nicht im Stich zu lassen, sondern kann es einer ständigen künstlerischen Wandlung unterziehen, bis sich schließlich das zeigt, was die Welt zu ihrem Fortschreiten benötigt.

212

9 Der Weg zum Geist

Da sich die ganze uns umgebende Schöpfung als Äußerung des Geistes verstehen läßt, können wir uns ihm am sichersten über das Wahrnehmen nähern – so unglaublich dies zunächst klingen mag. Inwiefern wir das mit allen irdischen Wirksamkeiten verbundene Übersinnliche entdecken, hängt vor allem davon ab, ob wir dem Denken zugestehen, daß es die Hintergründe sämtlicher Erscheinungen zu erforschen vermag. Jeder materielle Gegenstand ist zwar beschränkt. Was sich jedoch durch eine Begegnung mit ihm in uns abspielt, trägt unbegrenzte Möglichkeiten in sich. Unser inneres Streben kann sich dann ins Unermeßliche ausbreiten und immer neue Welten erschließen.

Unser Leib zeichnet sich noch mehr als die Natur aus durch eine vollendete Gestaltung. Dies bestätigt, daß hier höhere Wesen am Werke waren. Die Gestalt unseres Körpers resultiert aus dem Schaffen von Gottesgeistern der ersten Hierarchie. Die uns umgebende irdische Schöpfung verdanken wir den Weltengeistern der zweiten Hierarchie. Beides wurde uns überantwortet, damit wir diesem Vorbild folgen und uns mit Hilfe der Seelengeister, welche die dritte Hierarchie höherer Wesen bilden, auf den Pfad der Vervollkommnung des eigenen Inneren begeben und so einen Beitrag zur Erfüllung der kosmischen Entwicklung leisten können. Das Tätigwerden der Seelengeister entscheidet sich durch unser Verhältnis zu den Sinneswahrnehmungen: Zunächst ist wichtig, welche Eindrücke wir aussuchen, ferner spielt eine Rolle, wie wir uns ihnen hingeben und welche Erkenntnisfrüchte sich erringen lassen.

Alles Sinnliche hat einen geistigen Ursprung. Dieser arbeitet weiter in den Rhythmen unseres Organismus und ebenso der Natur. Eingebettet in göttliche Kräfte und in eine höhere Weisheit kann sich die einzelne Seele frei entfalten. Die Impulse, die sie empfängt und denen sie sich intensiver widmet, bestimmen über die Richtung des eigenen Lebens und beeinflussen die Zukunft. Das in der Vergangenheit Gewordene macht den überwiegenden Inhalt der menschlichen Wahrnehmungen aus. Es zeigt sich alles nur bruchstückhaft, denn die einzelnen Eindrücke entschwinden schnell wieder, von anderen abgelöst. Ihre eigentliche Funktion besteht darin, daß sie eine innere Fortentwicklung anregen.

Mit der Verarbeitung der Sinneserlebnisse beginnt das Neuwerden der Schöpfung. Jeder Eindruck kann nicht nur etwas zu unserem individuellen Vorankommen beitragen, sondern auch zu dem der ganzen Menschheit. Das erkenntnismäßige Durchdringen ermöglicht uns sogar den Einblick in geistige Sphären. Vom Wahrnehmen aus wandeln wir sozusagen auf den Spuren der Götter, beleben sie und bereichern zukünftige Schöpfungen.

Wer hingegen die Sinne vernachlässigt, versperrt sich jeden Weg zum Geist und zu höherer Entwicklung. Die Welt bleibt unerkannt und kann durch ihn keine Fortführung erfahren. Solche Menschen leben in den Tag hinein, ohne das, was vergeht, neu zurückzugewinnen. Sie werden ständig ärmer und entziehen zugleich anderen Wesen etwas – denn jede Wahrnehmung ist ein Geschenk. Versäumen wir die Beantwortung, ist es aber für die eigene Seele verloren. Schöpferische Anregungen können wir nur bei aktiver Pflege weiterreichen.

Eine solche Pflege ermöglicht unser Ich. In ihm ist die Verbindung zu einer dauerhaften Geistigkeit bereits angelegt. Dies gewährleistet, daß wir für das Schöpferische in der Welt empfänglich sind, ja es sogar vermehren können. Die vielen Impulse, die von der Umwelt und den Mitmenschen ausgehen, müssen nicht untergehen, wenn wir sie aufgreifen und weiterführen. Alles, was irdisch existiert, will gewissermaßen durch den Menschen schreiten, um wesentlicher zu werden.

Sämtliche sinnlichen Erscheinungen können in Bewußtheit einmünden. Sie bedeuten ein Angebot, aus dem sich das für uns Bedeutsame herausschält. Durch das Ich prägt sich jenen Wahrnehmungen eine tiefere Gültigkeit ein, denen wir uns in größerer Wachheit zuwenden.

Der Mensch kann das ersterbende Irdische durch die Aktivität seiner Seele zu einer stufenweisen neuen Geburt bringen; diese hört mit einer Erkenntnisbildung nicht auf, sondern setzt sich in künstlerischen Werken fort und kann so das Leben der ganzen Menschheit befruchten. Über das Ich kann das, was im Sinnlichen isoliert ist, einer freien, bewußt gewollten Wiedervereinigung zustreben. Diese bekräftigt die geistigen Dimensionen der Welt, denn wir können die in der Auseinandersetzung mit dem materiellen Dasein gewonnenen Fähigkeiten auch anderen Wesen vermitteln.

Je tiefer und umfassender wir die von den Sinnen ausgelösten Prozesse kennen, desto mehr werden sie uns zu einer geistigen Anregung. In der Folge benutzen wir unsere Sinne nicht einseitig als Organe des Aufnehmens, sondern immer mehr auch als solche des Zurückgebens. Auf diese Art tragen wir wesentlich bei zur Um- und Neugestaltung der gegenwärtigen Welt. Diese aktive Mitarbeit an der Zukunft ist undenkbar ohne liebevolles Interesse für die Entwicklung der Menschheit.

Daß die Liebe unsere Welt erlöst, gilt also bis in die einzelne Sinnesleistung hinein. Wie eine Pflanze zur Entfaltung findet durch den täglichen und jahreszeitlichen Rhythmus zwischen Erde, Sonne und dem übrigen Kosmos, bestimmt unsere Zuwendung zu verschiedenen Geschöpfen darüber mit, in welcher Form sich Geistiges entfalten kann. Aus diesem Grunde ist es so wichtig, sich den engen Zusammenhang zwischen irdischen Abläufen und höheren Sphären klar zu machen. Dies hilft, daß im Wahrnehmen eine ausgewogene Vielfalt statt einseitiger Verengung waltet und wir zugleich die unterschiedlichsten menschlichen Auffassungen anhören, um mittels des Denkens eine gesunde Einschätzung der nächsten Handlungsschritte zu erreichen.

Unsere Seele ähnelt einem Acker, in den sich Sinneserfahrungen als Keime hineinsenken, um durch das aufstrahlende Licht unserer geistigen Entwicklung zum Wachstum angeregt zu werden. Fehlt die menschliche Bemühung, drohen sich zersetzende Einflüsse einzumischen, so daß Fehlentwicklungen zu erwarten sind, wie wir sie derzeit häufig in der Technik beobachten. In gigantischen Apparaturen schlägt sich dann einiges von unserer vernachlässigten Weltbeziehung nieder.

Keine Einzelheit des Wahrnehmens sollten wir deshalb gleichgültig hinnehmen, ebenso ist aber auch die Art wichtig, mit der wir auf sie eingehen. Aus beidem zusammen – aus dem Sinnlich-Samenhaften und der ichhaften Geistessonne – entsprießt allmählich eine neue Schöpfung. Es bleibt keine Phrase mehr, wenn wir behaupten: Jeder Augenblick ist kostbar.

Sowohl von sinnlicher Seite als auch von unserem geistigen Wesen her ist ein Drang nach Übereinstimmung spürbar, durch den sich die Schöpfung – unter Einsatz des menschlichen Ich – ununterbrochen fortzeugt. Was vergeht, sind die natürlichen Gestaltungen. Wer nur sie kennt, mag tatsächlich meinen, wir seien am Ende, weil um uns vieles sehr düster aussieht. Das sollte um so mehr zum Ansporn für uns werden, alles vom Geist her zu impulsieren, was einer Weiterexistenz wert sein könnte. Dann wird Hoffnung aufleuchten. Sie lebt in der vom Ich geretteten Wahrnehmung.

Dem Rang des Menschen zwischen Erde und Geisteswelt läßt sich durch solche Handlungen entsprechen. Ehemals waren wir selbst wie ein Keim im Schoße der Götter. Doch wir konnten nichts davon erkennen. Dafür mußten wir uns von ihnen trennen, um im Reich der Sinne, durch dessen Abgegliedertheit, zu uns selbst zu erwachen.

Das ist nun geschehen. Wir weilen in der sinnlichen Welt und erfahren uns selbst in ihr als freie Wesen. Doch haben wir hier keine Aussicht auf Dauer, wenn wir nicht lernen, das irdisch Abgeschlossene zu durchbrechen und – jetzt im vollbewußten Erkennen – ins Reich des Geistes zurückzukehren.

Wir verfügen über eine einmalige Gabe, die wir im Umgang mit der sinnlichen Welt erringen: ein selbstbewußtes Wahrnehmen, welches beim Materiellen anfängt, aber hier nicht aufhören muß. Es kann sich so vergeistigen, daß sich dadurch der Sinn der Erde für das Universum ausspricht. In diesem kann sich weiterentwickeln, was bei uns im Ich begann.

Vor dem Entstehen der Sinne nahmen wir nichts bewußt wahr. Wir weilten im Geist, ohne zu erkennen – ohne Ich. Letzteres trat erst auf der Erde hervor – als der in uns selbst gelegte Same, welcher die ganze Welt begreifen und verändern soll. Auch wenn das äußerlich Wahrzunehmende einst erlischt, kann uns sein Grundgehalt erhalten bleiben, sofern es uns gelang, ihn in liebevoller Aufmerksamkeit zu erschließen.

Einführende und weiterführende Literatur

Aeppli, Willi: *Sinnesorganismus – Sinnesverlust – Sinnespflege.* 2. Auflage, Stuttgart 1967.

Bühler, Walther: *Der Leib als Instrument der Seele.* 5. Auflage, Stuttgart 1976.

Flau, Karlheinz: *Urbild und Wandlung.* Eine Inspirationsmappe. Ottersberg 1980.

Glas, Norbert: *Gefährdung und Heilung der Sinne.* Stuttgart 1976.

Hauschka, Rudolf: *Ernährungslehre.* 4. Auflage, Frankfurt am Main 1970.

Hensel, Herbert: *Allgemeine Sinnesphysiologie – Hautsinne, Geschmack, Geruch.* Heidelberg 1966.

Jünemann, Margit und Weitmann, Fritz: *Der künstlerische Unterricht in der Waldorfschule.* Stuttgart 1976.

König, Karl: *Die ersten drei Jahre des Kindes.* 5. Auflage, Stuttgart 1975.

König, Karl: *Sinnesentwicklung und Leiberfahrung.* Stuttgart 1971.

Kayser, Felix: *Von der Sinneswahrnehmung zur Kunst.* Dornach 1970.

Kimpfler, Anton: *Anthroposophie als Alternative.* Wies/Südschwarzwald 1983.

Kimpfler, Anton: *Okkulte Umweltfragen.* Wies/Südschwarzwald 1982.

Kimpfler, Anton: *Wege zum Ich.* Oldenburg 1980.

Lauer, Hans Erhard: *Die zwölf Sinne des Menschen.* Schaffhausen 1978.

Lauer, Hans Erhard: *Die Sinne des Menschen und die Entwicklung der Künste.* Schaffhausen 1980.

Lehrs, Ernst: *Mensch und Materie.* 2. Auflage, Frankfurt am Main 1966.

Lehrs, Ernst: *Vom Geist der Sinne.* Frankfurt am Main 1973.

Lindenberg, Christoph: *Waldorfschulen – angstfrei lernen, selbstbewußt handeln.* 5. Auflage, Reinbek bei Hamburg 1976.

Proskauer, Heinrich O.: *Zum Studium von Goethes Farbenlehre.* Basel 1977.

Schad, Wolfgang: *Säugetiere und Mensch.* Stuttgart 1971.

Schüpbach, Werner: *Die Entwicklung des Farbensinnes und das Farberleben des Menschen.* Freiburg im Breisgau 1970.

Sieweke, Herbert: *Anthroposophische Medizin.* Dornach 1959.

Simonis, Werner Christian: *Die Ernährung des Menschen.* 2. Auflage, Stuttgart 1971.

Steiner, Rudolf: *Anthroposophie.* Ein Fragment aus dem Jahre 1910. 2. Auflage, Dornach 1970.

Steiner, Rudolf: *Die Erziehung des Kindes vom Gesichtspunkte der Geisteswissenschaft.* Dornach 1976.

Steiner, Rudolf: *Von Seelenrätseln.* 4. Auflage, Dornach 1976.

Steiner, Rudolf: *Wie erlangt man Erkenntnisse der höheren Welten?* 22. Auflage, Dornach 1975.

Thürkauf, Max: *Wissenschaft und moralische Verantwortung.* Schaffhausen 1977.

Weitere Bücher der Reihe Gesundheit und Ernährung

Dr. med. C. Moerman / R. Breuß
KREBS
Leukämie und andere scheinbar unheilbare Krankheiten
mit natürlichen Mitteln heilbar. Ratschläge zur Vorbeugung
und Behandlung vieler Krankheiten
2. Aufl., 264 S., 9 Abb., geb.
»Mit konkreter Diagnose und Therapie befassen sich
Cornelis Moerman und Rudolf Breuß in ihrem von tiefen
Einblicken in das ineinandergreifende Gewebe der Natur
zeugenden Werk. Der jetzt 85 Jahre alte Arzt Cornelis
Moerman lehrt seit 40 Jahren, wie sich das körpereigene
Abwehrsystem des Menschen durch richtige Ernährung
aktivieren läßt; seine Methode ist auch eine Prophylaxe, die
sich um den Leib als Ganzes sorgt. Rudolf Breuß, 80 Jahre
alt, hat eine auf Gemüsesäften und Tee beruhende ›Krebs-
kur total‹ entwickelt, die er hier anhand eindrücklicher
Fälle in ihrer Wirkung erörtert.«
St. Galler Tagblatt
Beide hier vorgestellten unkonventionellen Krebs-Thera-
pien stärken den natürlichen Abwehrmechanismus des
Körpers. Bei voller Leistungsfähigkeit des Organismus
haben Krebs und andere Krankheiten keine Chance. Dieses
Buch gibt Kranken neuen Mut und zeigt Gesunden, wie sie
sich wirksam schützen können. Vor allem aber will es einen
weiterführenden Impuls geben in der Auseinandersetzung
um die Seuche unserer Zeit, den Krebs. Dies wird deutlich
unterstrichen durch das aufschlußreiche Nachwort.

Aurum Verlag · Freiburg im Breisgau

Weitere Bücher der Reihe Gesundheit und Ernährung

David A. Phillips
GESUNDER BODEN – GESUNDE SEELE
Der integrale Weg zum natürlichen Leben, zu Gesundheit
und Glück im Neuen Zeitalter
300 S., mit 1 Abb., Tab., geb.
Das pythagoreische Lebensideal der Mäßigkeit und Harmonie, das aus einer spirituellen Grundeinstellung der Natur, der Welt und dem Leben gegenüber gespeist wird, ist nach Phillips, dem bekannten australischen Ernährungswissenschaftler, heute noch ebenso praktikabel wie vor 2500 Jahren. Das Buch GESUNDER BODEN – GESUNDE SEELE ist der Aufgabe gewidmet, den Menschen Wirksamkeit und Anwendung dieses Prinzips zu zeigen. Ein integraler Weg zu einem Einklang vom »Boden« des Körpers und dem »Dach« von Geist und Seele.

Jean Rofidal
DO-IN – ASIATISCHE SELBSTMASSAGE
2. Aufl., 240 S., 92 Fotos, 24 Abb., Bibl., geb.
DO-IN – ASIATISCHE SELBSTMASSAGE stimuliert das Leben der Organe, stärkt alle körperlichen Funktionen, bewahrt vor Krankheit. Harmonie bedeutet vitale Kraft. DO-IN verhilft dazu mit seiner 3-Schritt-Therapie: Verbesserung der Zirkulation von Energien, energetische Aufladung, Vereinigung der Energien im »Hara«.

Aurum Verlag · Freiburg im Breisgau